U0942384

JPC
MO

收舊樓

一個「三贏」的投資策略

鄭信明 著

目　錄

開場白

人和篇

地利篇

天時篇

Foreword to Joey Chiang's book on site assembly

Acquisition by developers of units in an old building for redevelopment easily evokes the picture of a greedy strong man using oppressive means to evict helpless old ladies from their homes, thereby fattening himself at the expense of the vulnerable. In my experience of over 45 years of practice as a solicitor, this cannot be further from the truth.

Before the enactment of the Land (Compulsory Sale for Redevelopment) Ordinance (Cap 545) in 1999, redevelopment of an old building in multiple ownership was impossible unless the developer was able to acquire all the units in the building. An owner could hold up the redevelopment by refusing to sell, and we have many much talked-about stories of professional investors acquiring a unit (the "coffin nail") in a building and then exacting an astronomical ransom price for his coffin nail.

The Ordinance enables a developer to apply to the Lands Tribunal for an order for compulsory sale of a building if he has acquired not less than 90% of the undivided shares in the building.[1] The Tribunal, if it is satisfied that redevelopment is justified due to the age or state of repair of the building, may make an order for sale of the building by public auction at a reserve price which reflects the redevelopment value of the building. A minority owner (an owner who refuses to sell to the developer) will then be entitled to share in the sale proceeds which reflect the redevelopment value of the building in proportion to the existing value of his unit when compared with the existing values of all the units in the building.

From the perspective of the minority owners, what is often overlooked or glossed over is that the developer had to invest very substantial capital, time and other resources in the acquisition and the compulsory sale process, thereby releasing the redevelopment value of the building, and the minority owners stand to benefit from the enhancement in value of their units by such release without having to contribute towards the efforts and investment of the developer.

---

1 The 90% threshold has been lowered under certain conditions, as outlined in the book.

Mr Joey Chiang tells us what it takes to unify the ownership for redevelopment and turn the project to a reality. It demands an intimate knowledge of property law, building law and planning law. It requires a good understanding of human nature and communication skills without which you cannot have a fruitful dialogue with minority owners. And it calls for the ability to work with professional advisors and joint venture partners and an acute sense of the market.

Mr Chiang's book is an invaluable resource to students of property development, as well as stakeholders and anyone who is interested in urban renewal. With the ever-increasing number of buildings over 50 years old, policy makers should also benefit from his experience and the recommendations in the last chapter of this book.

F K Au

10 March 2025

序言二

《收舊樓：一個「三贏」的投資策略》是一部針對市區重建領域的專業著作，旨在為有志於探索此領域的讀者提供指引。由具備數十年實務經驗的專家鄭信明先生撰寫，本書以條理清晰且深入淺出的方式，剖析市區重建這一兼具挑戰性與潛力的投資範疇。香港作為一個以多層大廈為主的城市，其物業業權分散的特性使得市區重建的交易費用奇高。然而，鄭先生憑藉其豐富的專業知識，揭示了如何有效降低這些交易費用並從中獲利的策略。值得注意的是，這些專業知識往往被視為商業秘密，鮮有專家願意公開分享。鄭先生在本書中突破常規，將部分核心知識公諸於世，為讀者提供了寶貴的學習機會。

本書從天時、地利、人和三個關鍵維度，全面解析市區重建的核心要素。鄭先生通過精選的真實案例，詳細闡述了重建過程中可能面臨的挑戰及其應對方案，幫助讀者在複雜的情境中辨析邏輯與發掘機遇。本書的價值不僅體現在為專業人士提供參考工具，更為業餘投資者提供了入門指引。書中總結了投資舊樓的高回報秘訣，並提供了在高風險環境中進行有效風險管理的策略。此外，本書特別強調了市區重建中的「三贏」理念，即將社區環境、小業主和收購者業主的利益有機結合，實現多方共贏。這一理念不僅是投資舊樓的核心目標，更是推動社區可持續發展的重要基石。無論你是市區重建的專業人士、相關學科的學生，還是對投資舊樓感興趣的新手，本書都將為你提供不可多得的啟發和指引。鄭信明先生以其多年累積的經驗結晶，為讀者描繪了一幅清晰的市區重建藍圖，幫助我們更深入地理解這一領域的運作模式及其潛在回報。願此書能啟發更多人投身於這一充滿挑戰與機遇的領域，為香港的未來建設注入更多智慧與動力。

鄒廣榮

香港大學房地產及建設系講座教授

2025 年 2 月 14 日

序言三

單調平凡書名卻別有天地非凡塵的內涵

筆者為朋友的書寫序，動筆前，習慣要把書粗讀一兩遍，以求對全書內容，能有明確認知；之後會思考該書作者創作的動機與目的，以甚麼讀者為對象；然後審視書的內容能否達到知識性、趣味性、人情味與思想啟發性並融，有成為一本好書的內涵。習慣是避免敷衍塞責，虛應成文。蒙愛棣鄭信明錯愛，託我為他的著作寫序，一看不醒目的書名：《收舊樓：一個「三贏」的投資策略》，便予人題材單調狹窄、內容定必枯燥無味之感，是本教人讀時活潑不得的書。可當開始閱讀後，便為這本別有天地非凡塵的好書的內容吸引，而有把全書讀畢的渴望。在雖是匆匆、卻也有三遍的粗讀後，把書與眾不同的精采特色，寫出來與讀者分享。

作者從事舊樓收購事業歷程

鄭信明以產業測量師身份，在二千禧前，正值香港被譽為「亞洲四小龍」之一的經濟騰飛、股地熾熱期間，投入物業與舊樓買賣，並作為香港房屋委員會的產業測量師多年，展開為社會服務的工作。其後因應香港火紅繁榮下，大量與時代脫節的老齡破殘舊樓，有必要配合時代步伐、亟需重建的勢頭，他進入豐泰地產投資有限公司，參與「舊樓業主、市容與社會大眾、投資公司」三方面都兼顧及的收購舊樓的重建行業。

作者獻身舊樓收購投資行業的用心

在從事期間，作者不時流露對「生於斯長於斯的香港社會」的感情與使命感，深明「身為現代人，小我個體必須依賴『人人為我』的大我群體社會，才能生存活着；知所感恩的小我，便得以一己所長所能，『我為人人』地回饋社會」的道理。由於他認為一個收購舊樓投資項目的成功，既可改變市容、改善社區環境，更可讓小業主、收購者獲益，達致「三贏」，極富意義，這是使他投身這行業的主因，也是他與一般純為牟利的商俗市儈者迥異的地方。

枝葉茂盛花果豐累的內容

本書以條理清通、深入淺出的文字指出從事收購舊樓的執事主理者，展開收購投資時，必先釐定「策略」。所謂「策」指「方法」，亦即在明瞭有關收購計劃的重點後，要實踐跟進的計劃的方法；所謂「略」指「行動」，亦即配合計劃，分配人手開始先後行動的安排。收舊樓重建，牽涉千絲萬縷，主事者要定收購「策劃」，不能掉以輕心，必須徹底了解有關香港房地產龐雜繁多的舊樓重建法例的知識，還得明瞭法律條文、政府契約、《城市規劃條例》和《建築物條例》相互間的關係，向銀行融資的途徑，以及對地產有豐富專業法律知識的律師的諮詢與簽約的證定。此外，對收購舊樓要達到「三贏」的策與略的實踐竅門、收購舊樓時對「人和、地利、天時」的兼顧、與「攔路虎釘」的鬥智、向舊樓業主獻智，以誠意說之以理、動之以情的苦心，都要面面關顧。難得的是：作者把每一成功與不成功的個案的發展，表達得有如短篇小說，讓小說箇中人事物活現讀者眼前，寫得引人入勝，使人非把個案讀完不可。

筆者推介心聲

香港處二千禧前後十多年間，經濟極繁榮時代，也是大量舊樓必須蛻變適應接軌、被收購重建最活躍的日子。鄭信明以曾經參與擘劃經營的過來人身份，有志於把這期間收購重建行業對香港社會的貢獻、個人從事時的諸般心得論述記寫，作為未來新進者的參考，作為香港黃金時代的部分重要歷史的見證，這些重點本書都做到了。想不到在中學時是理科生，大學主修的是工料測量學知識的鄭信明，可以寫出這本極為罕見的，有關舊樓收購投資的專書。在「一石激起千層浪」的翔實內容中，言之有物，而又「知識性、趣味性、人情味與思想啟發性」兼容並包，確是本好書。敢信這本書除了會受到同行中人鍾情外，也會受到從事地產行業者的喜歡，亦會讓愛好讀書弘擴思益的讀者，一讀之下，便受吸引。在此預祝作者鄭信明這本創論述收購舊樓方方面面先河的專書，一紙風行；他的心香一瓣的奉獻，得到有識者的重視。

葉玉樹

前言

昔日有同行問我是不是只會經營「收舊樓」項目，[1] 而不懂得做其他房地產投資？回答這個問題前，我想讓大家知道，我的確很喜歡研究投資舊樓重建的項目。在豐泰地產投資公司工作了 19 年，我不單研究了大約 150 個投資重建香港舊樓的項目，而且成功收購了其中 13 個。這些項目現在大多數已經「退場」，[2] 並且為公司帶來可觀的利潤。那麼怎樣退場呢？簡單來說，已經統一了業權的舊樓，有很多退場的方式，而退場的方式則視乎市況而定。有的將項目重建為住宅，分層出售；也

1 「收舊樓」的簡單定義參第一章。

2 「退場」一詞表面上看來好像有貶義，因為大家經常說「退場抗議」，但我是從英語「exit」一詞借譯過來，其於投資行業內是一個中性詞，就是「退出結案」的意思。其實，在合資項目文件中，「退場機制」常常出現，譬如合資收購項目還未能完成，市況持續不明朗，避免引發更多合約問題，合資股東可以選擇既定方案，退出該合資項目。

有的改建為商業大廈，再整幢出售；更有的以現狀作為可發展的地盤，轉售給其他發展商。

誠然，我曾經很想將舊樓重建擬定為我們公司在香港的主要投資業務，原因主要有三個。只要對收購項目的資料瞭如指掌，做好收購的前期工作，加上懂得談判，就有機會成就一個「三贏」的投資項目。所謂三贏，指的是社區環境、小業主和收購者都能在收購中得益。這是我喜歡投資舊樓重建的第一個原因，也是最重要的原因。

第二個讓我喜歡投資收舊樓項目的原因，是這絕對是一種鬥智鬥力的投資。物業發展要應對很多局限，我們必須深思熟慮，才能把項目的利益最大化。例如，在不需要補地價下，是否只需經過城市規劃申請，改變土地用途，便能夠增加項目的價值呢？另外，統一業權後，可否不做重建而提早退場呢？之所以有這些考量，源於我所服務的投資公司是一家房地產基金公司，我們需要跟時間競賽，期望可以盡快讓投資者獲得理想的投資回報。

第三個原因是從事收舊樓的人，必須具備物業發展的知識和經驗（如了解政府契約、《城市規劃條例》和《建築物條例》等），應對投資過程裏每個障礙和變化，這對個人成長有莫大的裨益。職是之故，參與舊樓的收購和重建給我一個很好的機會，既可以與同事交流和分享箇中心得，累積寶貴經驗，同時在過程中亦壯大了公司團隊的專業力量。

如果你還想知道，以前的我，懂不懂得在香港做其他房地產投資？答案可以從項目的合作夥伴得知——我們的合作夥伴有投資人、貸款銀行家、交易經紀、律師和會計師等。而現在，我可以坦白地告訴你，今天的我，真的已經不懂香港的房地產投資了。好多投資老手都提及過，房地產投資的要訣是「時機、時機和時機」。時移世易，現在即便是何時退出投資項目，我都已經沒有了智珠在握的感覺。

記得每次我跟見習生上房地產投資 101 課，我總會強調：你們除了要懂得把資金投放到適合的項目外，同時還必須要懂得把握時機退市，鎖定利潤。對我來說，知所進退的「退」是很重要的；每個做投資的人，都懂得投進資金，但是，能夠準確拿捏退市時機的人，才能確保他的投資是賺錢還是蝕錢。因此，我認為做物業投資的人，就是要學懂審時度勢，把握分寸，進退得宜。作出準確的判斷，選擇提早或止蝕退場，才不會為已經投入資金的項目帶來麻煩（如按揭貸款要到期了，如果項目公司沒有足夠資金清還部分到期的貸款，俾能獲得貸款重組，就會引致按揭貸款違約），也可避免禍及共同投資人。「錢袋了，才是賺」和「輸少當贏」，是每個投資者都懂得的道理，可惜的是，不是每個投資者都能輕易做到。

去年 6 月中旬，我從豐泰地產投資公司退下火線。以前工作上的「徒弟」和舊同事向我提議，將一些昔日香港房地產買賣的人和事編撰成書，作為人生回憶的一部分。在他們的鼓勵下，我才大膽提筆。希望讀者喜歡我這本書。

鄭信明

2025 年 1 月 18 日於香港

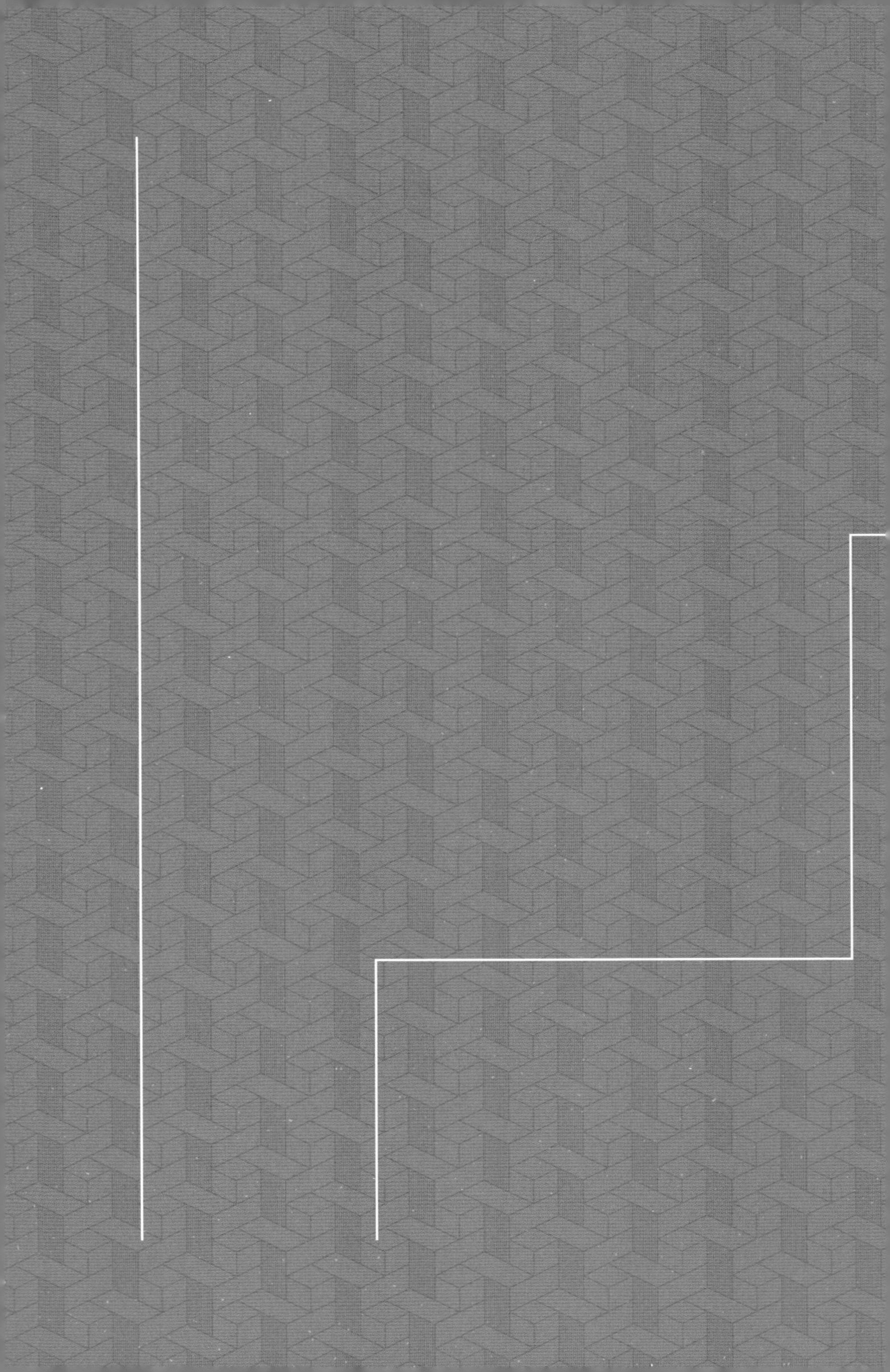

開場白

第一章

何謂收舊樓

在香港，地產發展商大致有三個途徑能夠取得可發展的土地。最快捷取得土地的方法，莫過於直接從私人或政府手上買回來。現時政府出售土地採用公開招標（暗標）方式，不像昔日土地公開拍賣的時候，競拍者可以現場即時加碼，以求取得心頭好；發展商現在已經不再可以臨時加碼，而只能透過投標，最終未必能夠投得目標土地。私人出售方面，一般都是買賣整幢舊樓居多，可惜數量有限。此外，中大型發展商還會透

過改變新界魚塘 / 農地的使用用途（包括城市規劃的改變用途申請、和政府修訂地契，例如換地［交回及重批土地］及補地價），從而獲得可發展的土地，多年前新鴻基地產興建的加州花園，前身就是魚塘 / 農地。本章介紹的是我最喜歡的另一途徑，能夠讓發展商在市區獲得可發展的土地——這就是「收舊樓」。

簡單來說，收舊樓是一種房地產收購策略。收舊樓的目的是通過買入業權分散的單幢或多幢舊樓的分層單位，統一所有分層單位的業權，讓收購者擁有該等舊樓的全部業權，以便將舊樓拆卸，從而獲得較罕有卻具發展潛力的土地。一般來說，從經濟角度看，舊樓的土地價值大於其所有分層單位的總現有用途價值的時候，才會有誘因促使收購舊樓，作為日後拆卸和重建發展之用。

在香港，收舊樓的項目，大多數集中在市區，這是基於物以罕為貴的原因。市區可供發展的土地有限，新建樓宇大多數是興建在拆卸舊樓的土地上，加上新建住宅的需求很大，導致市區新建的住宅單位長期供不應求。因此，市區內已經統一了業權的舊樓或地盤是非常有價值的。

讀者可能會好奇，想知道我們究竟怎樣尋找目標項目呢？雖然豐泰地產投資在收購舊樓的投資上有一點成績，但我們卻

● 市區樓舊是市區新建住宅單位的主要土地來源（攝於 2025 年 1 月）

沒有甚麼「收舊樓秘笈」。我們能夠購入目標項目，主要有賴投資團隊深耕細作，依據市場分析，確定目標。我和投資團隊在香港房地產相關行業工作已有 30 多年，每次中介經紀介紹給我們的項目，我們都會認真評估，並能夠快速回應，讓他們知道我們對項目的想法及作業情況，因此中介經紀們都樂意提供項目給我們做調研。當然，他們不會亂投（介紹）項目，而是了解到我們對地價較高的地區（如港島區）比較感興趣。順帶一提，如果中介經紀推介銅鑼灣蘭芳道、白沙道和啟超道上的舊樓項目，我們就會立刻推卻這些項目，因為香港終審法院在「Sky Heart Ltd. v. Lee Hysan Co. Ltd.」（FACV No. 9 of 1998）一案，[1] 裁定在該地段內（Section Q of Inland Lot No. 29）的舊樓重建，如果不按照第一份地段轉讓契約（First Assignment）條款規定建造住宅，必須取得利希慎置業有限公司同意。這是源於 1954 年 4 月簽訂的第一份地段轉讓契約條款的限制，可見利家在 70 年前已有如此的遠見。據說該公司過往在區內的「同意」批核個案，就算徵得他們同意，發展商還須要繳付「同意費」。

1　參 https://www.hklii.hk/en/cases/hkcfa/1998/28。

● 啟超道 6 至 8 號是「Sky Heart」案中的舊樓，也是該地段（Section Q）內當年興建的 16 幢舊樓群（Building Scheme）的其中兩幢。（攝於 2025 年 1 月）

● 啟超道舊樓（攝於 2025 年 1 月）

● 白沙道舊樓（攝於 2025 年 1 月）

收舊樓的前期工作

第一項的前期工作就是深入研究目標舊樓項目的地區，是適合興建住宅還是商業大廈？如果是住宅比較適合，重建後的住宅單位應該是一房、兩房，還是三房呢？如果是商業大廈比較適合，重建後的大樓應該是純寫字樓，還是注重零售的商業中心呢？又或是重建成酒店或服務式住宅呢？初步確定了適合當區的物業需求後，我們就要研究該舊樓的重建潛力和價值。

要找出舊樓的重建潛力，我們必須研究該幢舊樓坐落的土地所涉及重建的所有發展限制，如有關土地的契約（包括政府地契［Government Lease］和土地通行權［Deed of Grant of Right of Way］等）限制、該土地的面積與界線及有關建築物條例的限制，以及該地段的城市規劃限制等。

有最佳重建潛力的土地，必須符合所有相關的發展限制的要求。所以，找出該幢舊樓的最佳重建潛力後，我們就會跟建築師和結構工程師討論，亦會視乎情況去尋求專業法律意見，從而修訂出「最佳」重建方案，以及評估預期可獲批准的建築面積。有了最佳的重建方案和預期可獲批准的建築面積，該幢舊樓的重建價值（即土地價值）就可以計算出來。與此同時，該幢舊樓內每一戶分層單位的現有用途價值，也可計算出來。

整幢舊樓的每一戶分層單位的現有用途價值加起來，就是該幢舊樓的總現有用途價值。只有該幢舊樓的重建價值大於它的總現有用途價值，我們才會考慮收購。

值得留意的是，我們一般不會收購需要補地價的舊樓，因為除了要繳付補地價的金額外，修改政府地契條款需要頗長時間；而舊樓重建需不需要補地價給政府，則取決於舊樓的政府地契條款。如果重建方案違反政府地契條款，發展商就必須修改有關的地契條款，才得以合法重建。若對申請修改有關的地契條款有疑問，應該盡早向有地政經驗的測量師尋求專業意見。

收購項目的資料

隨後，我們會研究目標舊樓的大廈公契、樓齡、平面圖、商業 / 住宅單位數目、它們相對應的面積、業權份數（「地段的不分割份數」）和業主資料。知道該幢舊樓的現時業主是誰，我們才可以評估收購整幢大廈業權的可能性有多高。如果我們知道有收舊樓高手（例如恒基地產、金朝陽或九建）已經在該幢舊樓買下兩三個分層單位，我們就會放棄收購該項目，避之則吉，免生矛盾。這是因為別人可以用十年廿年來收購一個項目，我們的投資卻需要跟時間競賽。另外，行內有傳聞說：一名本地投資者專門購入別人目標舊樓的一兩個單位，據說他的策略是不還價也不談判，卻要收購者花時間申請「強制出售命令」，其目的是否想等待最佳時機索取天價，就不得而知。

確定收購物業的可行性後，接着，我們會實地視察物業，目的是確認物業現狀是否符合政府批准的建築圖則；很多時候，我們會發現一些建築物與政府批准的建築圖則不符。如果不符的地方只是業主的僭建物，我們不會太擔心，因為舊有的建築物（包括僭建物）在重建時就會一併拆除。可是，如果懷疑有逆權侵佔的情況，我們就會與律師詳細討論解決方案。此外，我們也曾遇到一些沒有建築物的平台，看似是大廈的公共地方，卻佔有地段的不分割份數，而這些平台原來的業主是一家已經清盤的公司；一般來說，這些平台的業權就會歸屬政府財政司司長法團。[1] 我們曾經成功收購過歸屬財政司司長法團的

1 參香港特別行政區政府地政總署網站：https://www.landsd.gov.hk/tc/land-mgt-enforce/management-landsd-properties.html。地政總署代政府管理若干土地物業，包括公司根據《公司（清盤及雜項條文）條例》（第 32 章）或《公司條例》（第 622 章）解散的無主物業。地政總署亦代政府管理若干土地物業，包括契約期滿的物業、因前業主失責以致物業轉歸財政司司長法團及由政府重收的地段，以及收回或交還的建築物。

SCHEDULE

(the Owner and the Property)

Names of Owner	Property	
	Parts of the Development the sole and exclusive use of which is held, enjoyed, used and occupied	Parts or Shares of and in the Land and the Development
Chow Wxxx Sxxxx and Chan Pxx Hxxxx	Flat A1 on 1st Floor	2 equal undivided 338th
Law Yxx Kxxx and Law Kxxxx Yxxx	Flat A2 on 1st Floor	2 equal undivided 338th
Ho Yxxx Lxxx	Flat A3 on 1st Floor	2 equal undivided 338th
Axxxx Bxxxx and Tong Lxxx Cxxx	Flat A4 on 1st Floor	2 equal undivided 338th
Chan Cxxx Wxx	Flat B1 on 1st Floor	2 equal undivided 338th
Pxx Hxxx International Limited	Flat B2 on 1st Floor	2 equal undivided 338th
Cheung Sxxxx Kxxxx	Flat B3 on 1st Floor	2 equal undivided 338th
Law Yxxxx Mxxx	Flat B4 on 1st Floor	2 equal undivided 338th
Hong Ox Wxxxx	Flat C1 on 1st Floor	2 equal undivided 338th
Chiu Pxxxxx Fxx	Flat C2 on 1st Floor	2 equal undivided 338th
Lui Kxxx Lxxx	Flat C4 on 1st Floor	2 equal undivided 338th
Yip Cxxx Mxxxx	Flat A1 on 2nd Floor	2 equal undivided 338th
Chau Mxx Wxxx	Flat A2 on 2nd Floor	2 equal undivided 338th
Man Cxxxx Sxxxx	Flat A3 on 2nd Floor	2 equal undivided 338th
Bon Dxxx Limited	Flat A4 on 2nd Floor	2 equal undivided 338th
Law Yxxxx Mxxx	Flat B1 on 2nd Floor	2 equal undivided 338th
Lo Yxxx Mxxx	Flat B2 on 2nd Floor	2 equal undivided 338th
Yung Kxxxx Fxx	Flat B3 on 2nd Floor	2 equal undivided 338th
Fung Sxxxxx Mxxx	Flat B4 on 2nd Floor	2 equal undivided 338th
Ma Pxxx Cxxx	Flat C1 on 2nd Floor	2 equal undivided 338th
Ng Sxxx Hxx	Flat C2 on 2nd Floor	2 equal undivided 338th
Au Yeung Elizabeth	Flat C3 on 2nd Floor	2 equal undivided 338th
Mo Txxx Fxxx	Flat C4 on 2nd Floor	2 equal undivided 338th
So Cxxxx Kxxxx	Flat A1 on 3rd Floor	2 equal undivided 338th
Lee Txxx Wxxx	Flat A2 on 3rd Floor	2 equal undivided 338th
Fong Bxx Hxxx	Flat A3 on 3rd Floor	2 equal undivided 338th
Tong Mxx Cxxxx	Flat A4 on 3rd Floor	2 equal undivided 338th

Dated the 15th day of August 1961.

HONG KONG WAH YUEN INVESTMENT COMPANY LIMITED

and

ELSIE CHEN

DEED OF COVENANT

in

respect of The Remaining Portion of Inland Lot No.1546 (known as Arts Mansion No.31 Conduit Road)

REGISTERED at the Land Office by Memorial No. on

p. Land Officer.

LAU, CHAN & KO,
SOLICITORS &c.,
HONG KONG.

● 舊樓大廈公契文件、單位業主資料及相對應的業權份數（範例）

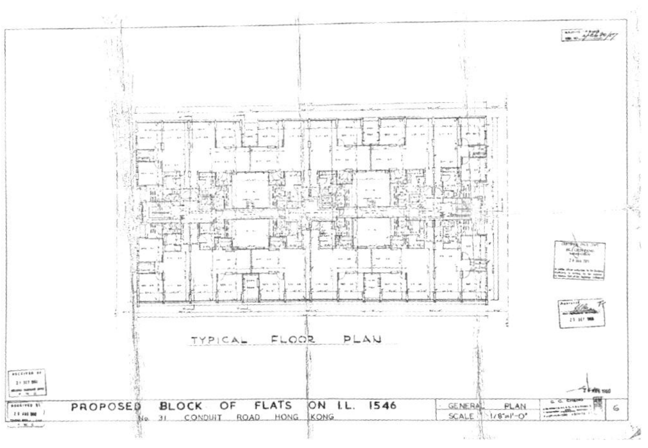

● 舊樓大廈平面圖（範例）

物業兩次。如何收購這些歸屬於財政司司長法團的物業？我建議盡早與律師商討，因為收購這一類物業可能是一個很漫長的過程。

收購的談判

我們掌握了目標項目的所有資料後，就可以製作一張現時業主表格，在表格裏填上有關業主的資料，包括每一戶的現有用途價值。而既然已經估算了土地的重建價值，我們便可以計算出每一戶按照現有用途價值的比例下，可分回的重建價值（「按比例可分回的重建價值」）。理論上，這個按比例可分回的重建價值，就是每戶的最高收購價。那麼，我們可以知道每户的最低收購價嗎？正常來說，每户的最低收購價，就是該户的現有用途價值；如果業主可以在物業市場按照現有用途價值出售，收購價低於這個現有用途價值是不切實際的。所以，我們有一個可能達成買賣協議的區域（最低收購價和最高收購價之間的區域，Zone of Possible Agreement，ZOPA），據此去跟小業主討價還價。只要在 ZOPA 內談判，我們便可以避免就一些不切實際的要價談判而浪費時間。當我們在 ZOPA 內找到一個買賣雙方滿意的共同點，買賣協議就可達成。再者，除了要知道 ZOPA，我們還會在每次買賣談判之前找出最有利的替代方案（a best alternative to a negotiated agreement, BATNA）。簡單來說，當買賣談判陷入僵局，未能達成協議，BATNA 便代表了我們最強而有力的行動方針。BATNA 可以防止我們陷入不利的談判，以免出現低於我們預計的結果。在某些情況下，BATNA 會讓我們離開談判桌，停止與賣方的談判。

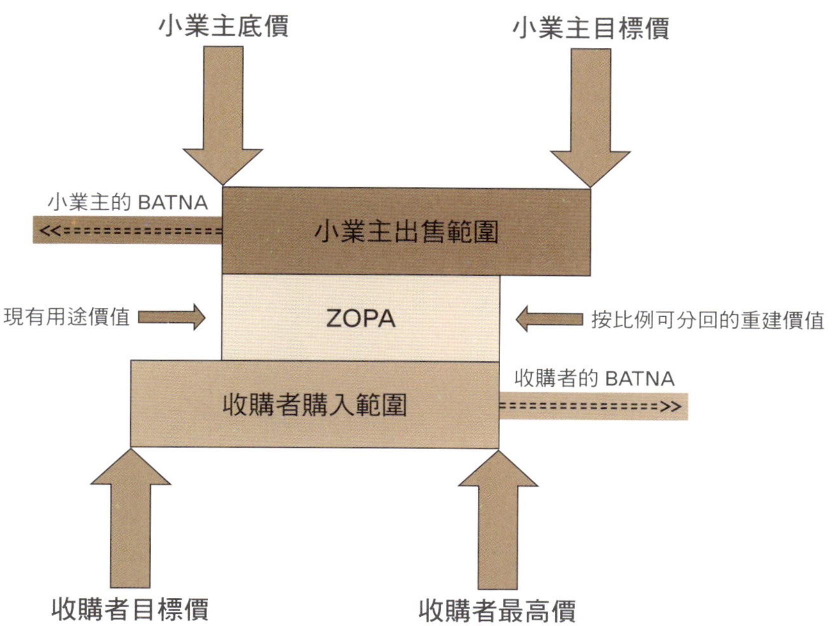

● 找出買賣的 ZOPA，就可能在該區域內達成買賣協議。

可是，香港有《土地（為重新發展而強制售賣）條例》，[1] 很多舊樓業主都想成為達成「強拍門檻」之前最後一個出售的業主。強拍門檻是指達到一個指明多數的地段的不分割份數；擁有該指明多數的地段的不分割份數的人或公司，可以向土地審裁處提出申請，要求作出一項為重新發展該地段而強制售賣該地段所有不分割份數的命令（「強制出售命令」）。項目的收購者則通常會提高收購價，去購買最後的不分割份數，促使達成強拍門檻。這就是為甚麼很多舊樓業主想成為達成「強拍門檻」前最後一名出售的業主的原因。

一般來說，大部分的舊樓小業主都想出售其物業，因為收

---

1 《土地（為重新發展而強制售賣）條例》（第 545 號條例）在 1999 年 6 月 7 日實施後，如果某私人地段上的舊樓因建築物的年齡或修繕狀況足以證明重建的合理性，則第 545 號條例允許個人或公司在擁有該地段至少 90% 不分割份數的情況下，儘管已作出適當努力，但未能取得其餘的不分割份數，可向土地審裁處申請強制令，要求強制售賣所有不分割份數，以重建該地段。第 545 號條例於 2010 年 4 月 1 日修例後，樓齡在 50 年或以上的樓宇，申請強拍門檻降低至 80%。在 2024 年 7 月，立法會三讀通過第 545 號條例的修例，以進一步降低舊樓強拍門檻，期望加快市區舊樓重建。私人樓宇坐落七個「指定地區」（指下述七個分區計劃大綱圖內的全部地區，包括：西營盤及上環、灣仔、油麻地、旺角、長沙灣、馬頭角、荃灣），樓齡介乎 50 至 59 年，申請強拍門檻降至 70%；樓齡達到 60 年或以上，強拍門檻則降至 65%。2024 年 10 月 10 日，政府在憲報上刊登《〈2024 年土地（為重新發展而強制售賣）（修訂）條例〉（生效日期）公告》（《生效日期公告》），指定《2024 年土地（強制販賣重新發展）（修訂）條例》（《修訂條例》）將於 2024 年 12 月 6 日起開始實施。

購價一定高於其單獨出售的現有用途價值。很多時候，我們提出一個合理的初步收購價（大約會是現有用途價值的1.3至1.4倍），就可以吸引到60%至70%業主同意出售他們的物業。可是，要收購最後的30%至40%業權，就要花更多工夫了。就算我們買下的業權已達到強拍門檻，剩下來的業主也不一定按照合理的價錢出售他們的物業。通常，我們會一邊向土地審裁處申請強制出售命令，一邊跟剩下來的業主調解，了解他們的出售需求，以便盡量滿足所需，使能成功購入他們的業權。這就是前言所說的——收舊樓是一個「三贏」的收購策略。

● 通過談判和合作可以締造「三贏」結果

收舊樓締造的「三贏結果」

一、改善舊樓小業主的生活

收舊樓可以讓舊樓的小業主以高於市價出售其單位，收購價甚至可以比單位單獨出售的市價多出 50% 以上，從而改善他們的生活。

譬如說，堅道 44 號收購完成後，有個別小業主，就搬到新房屋去，還開心地邀請中介經紀和我們的投資團隊吃了一頓晚飯，細說他們與這幢舊樓的舊日往事；原來堅道 44 號剛入伙時（1964 年 11 月），6 樓以上的前座住戶還可以在家中飽覽維多利亞港呢。

當然，也有小業主刻意利用法律程序，貪得無厭地索取高價。例如我們收購銅鑼灣中央樓，已到最後階段，一個住宅業主居然苛索 3,000 萬元，儘管他擁有的是 500 平方呎（建築面積）的住宅單位，但市價也只是 500 萬元左右。幸好他最後也懂得「見好就收」，談判到 1,350 萬元的收購價時，便同意出售單位。

二、改善社區環境及保障居家安全

香港大部分舊樓的分層單位業主都沒有妥善保養自己的物業。更重要的是，有些業主經常在其分層單位內進行未經授權或是非法的改動（建築物改建）。這些違章建築導致一些舊樓變得不再適合居住。下面是兩個例子：

1. 九龍馬頭圍道 45 號唐樓倒塌

2010 年 1 月 29 日下午 1 時 30 分左右，馬頭圍道 45 號 J 座一幢破舊的五層高商住大樓，在毫無徵兆的情況下倒塌，造成四人死亡。根據新聞報導，當時位於大樓底層的商業單位，正在進行未經批准的翻修工程。建築工人突然意識到大樓有即將倒塌的跡象，立即衝出該商業單位並示警。據推測，未經批准的翻修工程，就是導致這幢已經腐朽且結構脆弱的建築物倒塌的主要原因。

● 2010 年 1 月 29 日，九龍馬頭圍道 45 號 J 座一幢破舊的五層高商住大樓倒塌。

2. 九龍馬頭圍道 111 號唐樓大火

2011 年 6 月 15 日凌晨，九龍馬頭圍道 111 號一幢舊樓發生火災，造成三人死亡，至少 17 人受傷。一些居民告訴電視台記者，大樓的後門和屋頂的出入口都鎖上了。警方表示，這幢八層高的唐樓，底層是一間攝影工作室，該工作室發生電力故障，可能是導致火災的原因。涉案唐樓的樓齡超過 50 年，屬於「三無」舊樓（即是無業管會、無管理、無維修），加上樓梯間堆滿雜物，阻塞逃生通道，一旦發生火災，居民的生命財產必會受到嚴重威脅。事實上，香港市區不少舊樓的情況與涉事樓宇很相似。

● 2011 年 6 月 15 日凌晨，九龍馬頭圍道 111 號一幢舊樓發生火災。

毋庸置疑，收舊樓的主旨在物業重建，實有助於取締那些結構不安全和消防設備不足的舊建築物。發展商會採用新的建築標準重建物業，取代不合時宜的舊建築物；新物業的建築技術和功能，當會更加符合安全標準，更能配合當區環境要求。如果規劃得當，還可以為新建大樓提供充足的交通設備和社區設施。

三、讓收購者買得平地

對於項目的收購者（通常是地產發展商）來說，收舊樓能夠讓他們在市區獲得較罕有的土地。同時，購入整個地段和舊樓的總價，也會低於該土地的市場價值。這就是一些有經驗的地產發展商在市區買平地的傳統方法。恒基地產和太古地產都是這方面的翹楚。

****

我在香港地產有關行業工作逾三十年，認為只有「收舊樓」項目投資可以締造「三贏」結果，其他物業投資都無法達成。而且香港舊樓的老化速度相當驚人，從政府數據推算，未來 20 年平均每年將淨增約 500 幢樓齡 50 年或以上的舊樓。

再者，花在舊樓的維修保養費用不少；可是，有些老化和過時的舊樓，例如高於三層卻沒有升降機的舊樓，令老人家每天難以出行，其不合時宜之處就不能單靠維修保養來解決。除此之外，舊樓老化滲漏亦難以根治，每逢大雨，住戶都會飽受煎熬。更甚者，就如上文提及的舊樓倒塌或火災致命事件。職是之故，收舊樓不但能夠改善小業主生活，同時也可以改善社區環境及保障居家安全，應該予以大力支持。

● 左、右｜位於港島西區的舊樓（攝於 2025 年 1 月）

ANYTIME FITNESS
24
HOURS

俗語謂：「天時不如地利，地利不如人和」，其實，但凡投身社會工作的，都知道三者同樣重要，收購舊樓投資也是如此。而在三者之中，「人和」具有舉足輕重的作用，所以先跟各位談談行內的老行尊和專業人才。

人和篇

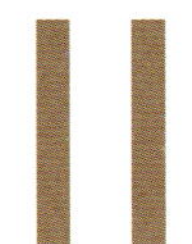

第二章　收舊樓的專家

我在萬信測計師行（已結業）做了近兩年物業估價工作後，便去了捷利行測量師行（「捷利行」）工作，並於1993年跟隨我的師父盧以德測量師學習收舊樓。當時捷利行是一家小型測量師行，只有兩名英國皇家特許測量師（師父和一位李姓測量師），而我在師父的教導下，兩年多後也考獲產業測量師資格。我能夠在捷利行學習和成長，實在多謝師父給予各種各樣的機會；不論是物業估價、補地價談判、物業買賣，還是收舊樓項目，我都得以從旁觀摩學習，甚至參與其中。我還記得我們曾替一名客戶（莫先生）用低於市價購入西環一個住宅地盤，不久便獲莫先生委任為新住宅大廈的獨家銷售代理，當天師父還以美味蛋撻和香滑奶茶犒賞三軍。這次獲委任為銷售代理，不但令我有機會參與製訂「大廈公契」，還讓我學習到怎樣準備售樓資料（包括售樓廣告、售樓書、售價單和臨時買賣合約等）。

至於收舊樓方面，那時候還沒有訂立《土地（為重新發展而強制售賣）條例》，收購舊樓重建必須買下全幢物業 100% 地段的不分割份數業權，缺少其中一份業權也不能將舊樓拆卸重建。當時沒有互聯網的資訊，要聯繫到一幢舊樓的所有業主，其困難程度可想而知。

記得師父「教落」：天道酬勤。師父相信只要付出努力，一定會有所回報。她教我晚上 8 時後，才登門造訪舊樓的業主，就算找不到真正的業主，也可以找到單位的使用者。使用者可能是租客，也可能是業主的親戚朋友。不過，很多時候，業主的親戚朋友都不太願意與我們接觸，因為他們大多是以低於市值的租金租用物業，甚至不需支付分毫，就可使用別人的單位，只需代業主看家而已。他們是既得利益者，如果單位被買走了，就會被迫遷出，需要另覓居所，最後很有可能要以市價支付新居的租金。因此，他們通常會敷衍了事，打發我們離開。當然，我們也有幸運的時候，就是遇到真心想出售物業的業主，他們都會很樂意提供其他業主的聯絡方法，又或者幫我們聯繫到其他業主，甚至主動勸說他們一起出售物業。師父也試過其他尋找業主的方法，如登報尋人、向物業管理公司查詢，以及聯繫業主立案法團等。

曾經有一位收舊樓的高手陳先生，委託師父代為收購港島英華臺 12 號的一幢舊樓。這次收購經驗不單增長了我的收舊樓知識，還讓我後來在豐泰地產投資工作的時候，在一個類似的項目獲得同樣的收益。以下是我收購英華臺 12 號的經驗：

英華臺 12 號是位於一條封閉式內街裏最末端的一幢舊樓，它的土地面積約為 1,700 平方呎（包括屋前 30 呎 × 17.5 呎的空地）。這塊屋前的空地與毗鄰的英華臺 10 號和 11 號屋前的空地，以及位於西面的舊樓英華臺 1 至 9 號屋前的空地，組成了屬於整個英華臺的一條帶梯級的行人通道（即上文提到的內街）。該行人通道連接西面的正街，而正街才是能夠行駛車輛的馬路。

當時英華臺 12 號的業主是一位退休律師，我跟着師父在

● 當年從英華臺往正街需要行經帶梯級的行人通道（攝於 2025 年 1 月）

● 整個英華臺的行人通道（最前端連接正街）（攝於 2025 年 1 月）

● 英華臺 10 至 12 號
（攝於 2025 年 1 月）

● 英華臺 10 至 12 號屋前的空地是私人地方
（攝於 2025 年 1 月）

多個晚上拜訪這位業主好幾次，想了解她對出售物業的想法。經過多次接觸，業主終於說出在該物業生活，實在很不方便。由於只有一條行人道通往英華臺，車輛不能從正街出入；對於老人家來說，車輛能夠直達門口，不必爬樓梯，才算便利。師父藉機向業主建議搬到跑馬地，以解決沒有車輛直達門口之苦。最後，我們不負客戶所託，成功說服業主出售物業，並且順利完成物業買賣的交易。

為何我說陳先生是收舊樓的高手呢？這是我在大約十年後，透過該物業重建的批准建築圖則才知曉的。陳先生對《建築物條例》了解得很透徹，並利用有關法規，增加了可發展的建築面積。當時，師父和我都知道陳先生已經成功收購了毗鄰的英華臺 10 號和 11 號（土地面積合共約 3,300 平方呎，包括屋前的空地面積）。師父和我以為物業重建時，那些屋前的空地不會計算在淨地盤面積之內，因為屋前的空地好像已經附帶了「公眾通行權」。可是，陳先生和他的建築師卻能夠成功說服屋宇署和建築事務監督，把英華臺 10 號、11 號和 12 號屋前的空地（英華臺小街一部分）全納入淨地盤面積計算。按照這樣計算，陳先生的淨地盤面積一共增加了約 1,575 平方呎；以住宅八倍地積比率計算，住宅建築面積多批了約 12,600 平方

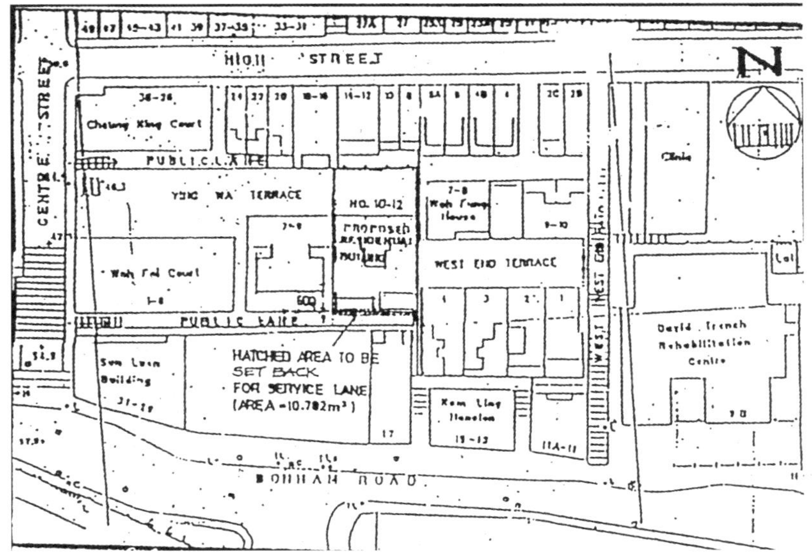

● 圖中可以見到整個英華臺的行人通道，通往最尾端的英華臺 12 號和正街。

呎；若以樓面地價每平方呎 5,000 元計算，該地盤的價值足足增加了 6,300 萬元。

這項目增加了 10,000 多平方呎的建築面積，難道是陳先生福至心靈、幸運所致嗎？答案顯然不是。陳先生能夠把部分英華臺納入淨地盤面積計算，主要是跟地段（英華臺 10 號、11 號和 12 號）的政府契約所附帶的通行權（Right of Way）有關。翻查英華臺 12 號的政府地契（Inland Lot No. 6506），才發現其屋前的空地部分並沒有附帶通行權予其他使用者，但英華臺 11 號的政府地契（Inland Lot No. 6505）則申明其屋前的空地部分，有附帶「自由及不間斷」的通行權予英華臺 12 號的使用者；而英華臺 10 號的政府地契（Inland Lot No. 6504）也申明其屋前的空地部分，有附帶「自由及不間斷」的通行權給予英華臺 11 號和 12 號的使用者；另外，英華臺 10 號業權人擁有「自由及不間斷」的通行權，可以從英華臺 9 號的空地進出正街。由此可知，當英華臺 10 號、11 號和 12 號合併後，他們屋前的空地部分將不再附帶通行權予其他使用者。因此，該等屋前的空地部分的業權人不單沒有失去該土地的管控權，也沒有讓該土地用來使得其他現有建築物符合有關建築物條例。這個結果有賴英國樞密院在「Attorney General v. Cheng Yick Chi and Others」（Privy Council Appeal No. 32 of 1982）一案的判詞。

據英國樞密院在「Attorney General v. Cheng Yick Chi and Others」一案的判決大致可知，重建地盤內已經有專用「公眾通道」，而且其土地業權人對該通道沒有「管控的實際可能性」（realistic prospect of controlling），英國樞密院認為應該將該通道排除在淨發展地盤面積之外。與此同時，英國樞密院闡明，可納入淨發展地盤面積的通道（土地）必須沒有

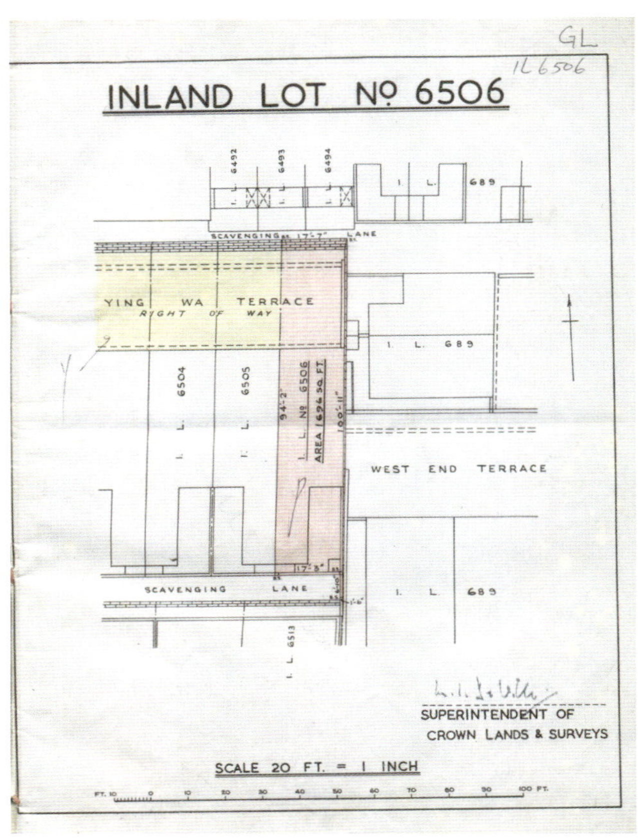

● 英華臺 10 號和 11 號屋前的空地部分有附帶「自由及不間斷」的通行權（Right of Way）給予英華臺 12 號的使用者

用來使得其他現有建築物符合有關建築物條例。如對上述判詞有疑問，應該盡早向律師和建築師尋求專業意見。

自從英國樞密院在「Attorney General v. Cheng Yick Chi and Others」一案的判決，闡明了通道（土地）在上述情況不能納入淨發展地盤面積後，屋宇署和建築事務監督在日後的批則事宜上，一直貫徹其原則。

再回來看英華臺 7 號、8 號和 9 號合併重建的批准建築圖則。英華臺 7 號、8 號和 9 號屋前的空地部分有附帶「自由及不間斷」的通行權予英華臺 10 號、11 號和 12 號的使用者，而該通道（屋前空地）就是由英華臺 10 號、11 號和 12 號用來使其現有建築物符合《建築物（規劃）規例》第 19 條的要求，所以該通道不能納入淨發展地盤面積。這樣，英華臺 7 號、8 號和 9 號的淨發展地盤面積就減少了。

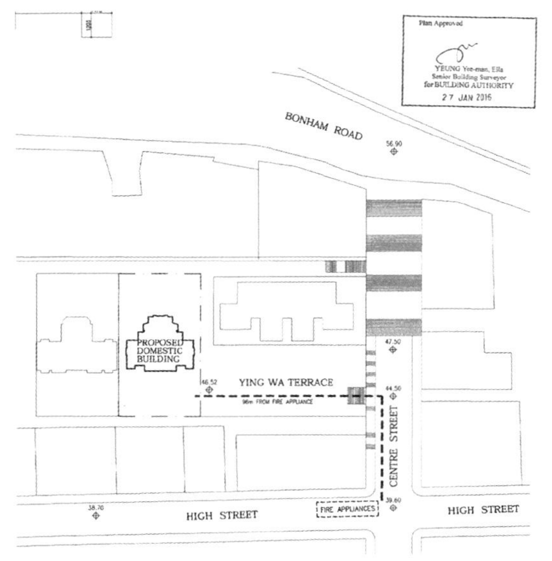

● 英華臺 7 號、8 號和 9 號使用英華臺 1 至 6 號屋前的空地部分符合《建築物（規劃）規例》第 19 條的要求

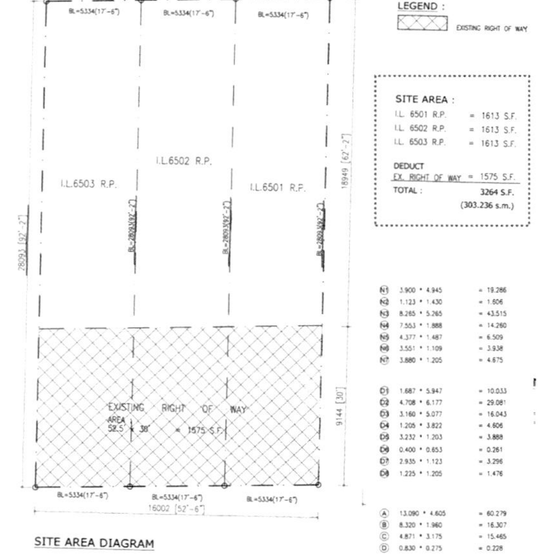

● 批准建築圖則說明英華臺 7 號、8 號和 9 號屋前空地不能納入淨發展地盤面積

● 英華臺 7 號、8 號和 9 號（攝於 2025 年 1 月）

我曾經分析過一個潛在投資項目，注意到屋宇署和建築事務監督運用上述英國樞密院的判決理由，審批一個住宅項目的批准建築圖則（圖則在 1998 年 9 月批出）。這個項目現時稱為御景臺（Scenic Rise），其地段包括梁輝臺 1 至 3 號和堅道 46 號。附圖是從該批准建築圖則拼接而來，從圖中可看到梁輝臺 1 至 3 號內有兩塊條狀土地不能納入淨地盤面積計算。至於末段的一塊土地被扣減，因為那是通道巷（《建築物（規劃）規例》第 23（2）（a）條）；而中央的地塊被扣減則因為那是梁輝臺通往些利街的行人路。同樣，該段梁輝臺行人路也是用來使得梁輝臺 4 號和 5 號得以符合有關建築物條例（《建築物（規劃）規例》第 19（3）條）。此外，圖中黃色部分是昔日堅道 46 號舊樓的通道巷。雖然該土地有附帶通行權予堅道 38 至 44 號及 48 號的使用者，但是堅道 46 號的業權人仍然有「管控的實際可能性」，同時，該黃色部分並沒有用來使得其他現有建築物符合有關建築物條例，因此圖中黃色部分仍能夠納入淨發展地盤面積。

Extract of Approved Bldg. Plan dated 10 Sep 1998

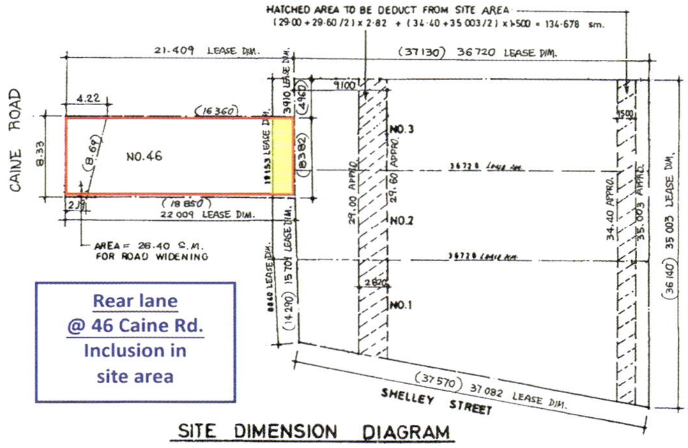

● 御景臺（Scenic Rise）的地段包括梁輝臺 1 至 3 號和堅道 46 號（上圖從其批准建築圖則拼接）

● 從梁輝臺 1 至 3 號看堅道 46 號車輛入口

● 從些利街與梁輝臺交界拍攝的御景臺（攝於 2025 年 1 月）

● 梁輝臺行人道從些利街經梁輝臺 1 至 3 號通往梁輝臺 4 號和 5 號（攝於 2025 年 1 月）

● 梁輝臺 4 號，閘門後是梁輝臺 5 號。（攝於 2025 年 1 月）

● 御景臺建設的通道巷（攝於 2025 年 1 月）

在師父帶領下，我認識了不少收舊樓的高手，蔡競雄先生（已故）也是其中一位。其時，蔡先生是一家中資投資公司（中福）和一家中資建築公司（武夷）的地產發展顧問，專責在市區收購舊樓，以便可發展為商業或住宅大廈。在我心目中，蔡先生經常顯示他那收舊樓的豐富經驗和處事老練的火候，尤其是有兩項過人之處，令人佩服：

其一，土地價值估算快捷準確。評估物業時，一般行內的產業測量師會採用「餘值估價法」（Residual Valuation）來評估舊樓的土地價值。蔡先生基本上對每一個新的目標項目都能夠迅速估算出樓面地價，而他估算的樓面地價卻往往是我們要花上兩三個小時才能估算出來的（土地價值＝樓面地價 × 可建樓面面積）。這反映了蔡先生充分理解物業重建的發展限制（包括土地契約、《建築物條例》和《城市規劃條例》等），從而擬構出該舊樓的最佳重建方案，並估算其土地價值。

其二，談判技巧高超。蔡先生是一名談判高手。大概在1994 年年初，師父代表蔡先生收購威靈頓街 97 號 A 的舊樓。威靈頓街 97 號 A 與嘉咸街交界，而當時的嘉咸街是一條滿是乾濕貨攤販的「市場街」。

● 嘉咸街通往皇后大道中的街道上仍然有攤販擺賣（攝於 2025 年 1 月）

我們正滿心歡喜地期待購入最後一個地舖，完成收購整幢威靈頓街 97 號 A 的時候，卻遇到了「老鼠拉龜」無從入手的情況。地舖業主一直板着面孔，冷漠地對待我們。其實該地舖不算「四正」，舖深而門面窄，所以估值不高，業主也只是用來售賣鮮雞。蔡先生知道我們的收購出現阻滯，便教導我們必須了解對方的需求，盡量滿足對方，並且用最快的速度達成協議。有了蔡先生的指導，我們再跟業主詳談，最終獲得更多信息，包括他的舖面環境和附近人流狀況等。師父和我便收集附近店舖充分的出售資料，希望用「以物易物」的方式來換取該地舖。我們帶着業主多日實地視察了十多間店舖後，他終於答應用他的店舖跟我們換一間位於嘉咸街與結志街交界的店舖；前提是滿足其開出的其他交易條件，包括額外的現金賠償。我們一方面跟業主討價還價，一方面取得蔡先生同意，最後購入了該地舖，也完成了整幢舊樓的收購。不久，蔡先生的公司把該幢舊樓拆卸，並在原址重建了一幢商業大廈。

這次收購的經驗確實讓我增長了不少知識，如加深了對「替代方案」的體會。從談判的角度看，蔡先生的指導讓我知道如果談判失敗，無法達成買賣協議，該地舖業主還是會繼續在地舖做生意，這是對他最有利的替代方案，也就是沒有甚麼

● 威靈頓街 97 號 A 商業大廈現已改為服務式住宅（攝於 2025 年 1 月）

損失可言；可是對我們而言，卻沒有最有利的替代方案，因為若不能達成買賣協議，蔡先生的公司就不能展開重建工程。因此，蔡先生才指導我們放棄原來收購價的最高上限（ZOPA 的上限），用靈活和開放的態度與地舖業主談判，從而達成一個對我們最有利的替代方案。

除替代方案要靈活應對外，個別情況還應該要特殊處理，自從《土地（為重新發展而強制售賣）條例》在 1999 年 6 月 7 日實施後，舊樓收購項目已達到強拍門檻，贖金索價的情況減少了。我們的收購項目，都能在 ZOPA 的價格區域內達成買賣協議。讀者有興趣了解在第 545 號條例生效前有關贖金索價的案例，可以向銅鑼灣亨利中心（Henry House）的發展商（亨利發展控股有限公司）公關部門求證一個案例。據說當年他們為了收購舊樓（亨利中心前身）最後一伙住宅，付出索價約 6,000 萬元的賠償金，買下市值只是約幾百萬元的住宅單位，行內稱之為「拔釘」。

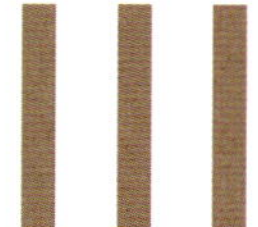

第三章 收舊樓的合資夥伴：JV Partners

大約在 2005 年年中，我剛進豐泰地產投資工作，有一天老闆朱惠德先生走來跟我探查一個潛在物業的投資機會。該物業位於皇后大道西 338 至 342 號，靠近西邊街，土地面積為 3,148 平方呎，是一幢七層高舊樓（包括一層地庫）。出售方是東亞銀行，準備以公開招標方式出售。

老闆關心的是：會不會有其他買家跟我們競投該物業，

想聽聽我的意見。我想了一會，便回應說：「裕泰興的羅肇唐先生（人稱「九叔」，已故）應該會對這個項目很感興趣，因為他們已經在中西區興建了多幢單幢式住宅大廈，而本案的地盤尺寸也較適合興建類似大廈。另一個原因是毗鄰的皇后大道西 344 至 346 號是一幢六層高並且業權分散的舊樓，地盤面積卻只有 1,744 平方呎，不太適宜單獨重建，否則重建後的單位實用率就會偏低，如果能與這次招標項目（通過收舊樓方式）合併重建，合併的土地能夠產生物業估價學所謂的合併價值（Marriage Value），應會相得益彰。」為了避免與羅先生在投標價上過度競爭，致雙方都沒有好處，我建議朱先生與羅先生合作，當然也包括共同投標，以及參與日後收購皇后大道西 344 至 346 號的項目。

朱先生一位陳姓律師朋友跟羅先生有深厚的交情，於是拜託陳律師代為安排與羅先生見面，希望藉此商談合作投資這次項目。會面一開始，羅先生就很客氣地問我們為何會選擇跟他合作。朱先生示意由我回答，因為跟羅先生合作本來就是我建議的。我深深吸了一口氣，平伏內心的波動，以平靜的語調向羅先生坦陳想法：首先，眾所周知，裕泰興在中西區發展單幢式的住宅大廈經驗豐富，而這次項目的地盤面積也十分適合興

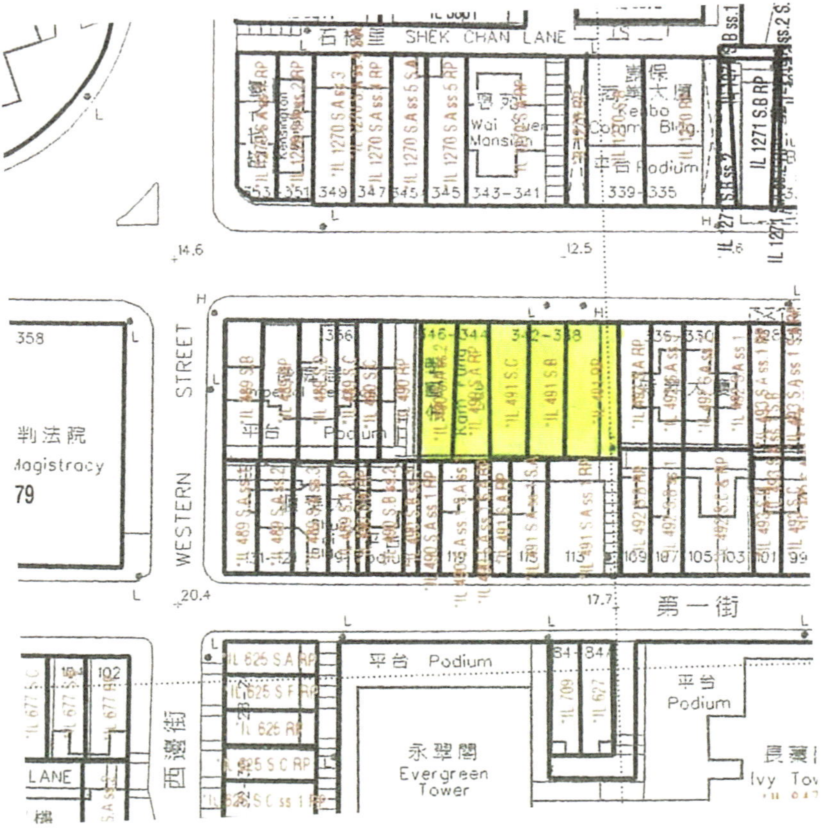

● 皇后大道西 338 至 342 號和 344 至 346 號兩地塊

建單幢式住宅大廈；其次，有興趣參與本案的投標者應該會想到要跟羅先生競價，最終很難買得便宜貨，所以，我們估計是次參與投標的人數相當有限，極有可能只剩裕泰興和豐泰地產投資參與投標；最後，我們預計日後可以成功收購皇后大道西 344 至 346 號。此外，羅先生是收舊樓界的翹楚，我們很想跟羅先生學習。最重要的是，共同投資可以避免與羅先生在投標上惡性競爭，合作則必定是雙贏。聽完了我的回答，羅先生向朱先生表示同意合資，同時鄭重聲明投資項目的每一個重大投資決定，必須要得到雙方同意。

當天，雙方指示陳律師處理合資公司的法律文件，同時又擬定了投標的價格，落標購買這幢銀行物業。最後，正如我們預期，不出兩周，出售方就接納了我們的標書，並且與合資公司簽署正式買賣合約。

跟羅先生傾談合資後，我們對毗鄰的皇后大道西 344 至 346 號的物業及其業權又作出了進一步的調研，並即時跟羅先生的投資團隊分享有關資料，表示有意收購皇后大道西 344 至 346 號涉及 15 戶住宅和一個地舖。羅先生果然是收舊樓業界的老行尊，他和手下的投資團隊，在不到一個月時間，便已經買下了三戶住宅。一年後，合資公司再購入 11 戶住宅，最

● 皇后大道西 338 至 342 號（左面的大廈）

後收購項目只剩下一戶住宅和一個地鋪。剛好這個時候，一位相熟經紀告訴我們餘下的住宅和地鋪，其業主都是同一夥人，他們其實也想出售物業給我們，只是他們的目標售價超出了合資公司的預算。羅先生本來打算用更多的時間跟業主談判，旨在達成合理的購入價，這樣便能為合資公司謀取多一點利潤；但我方是房地產投資基金公司，投資利潤的多寡固然重要，可是回報期的長短（包括退場時間）也同樣重要，故為了方便從合資項目盡早退場，我們提早把皇后大道西 338 至 342 號和 344 至 346 號兩地塊一併申請重建，並很快獲准重建為一幢商住大廈。有了重建的批准圖則，我們輕易地找到潛在買家開價收購這個重建項目，只是該潛在買家所開出的收購價並不盡如人意，最終不獲合資公司接納。事實上，就算以該潛在買家開出的價格退場，合資公司也會有相當可觀的利潤，於是我們坦誠地跟羅先生討論加碼收購剩餘住宅和地鋪的想法，因為這樣做不會大幅影響我們的收益，卻能夠盡快推進合資項目的發展，最終羅先生同意了我們的建議。沒過多久，羅先生便提價購入剩餘的住宅和地鋪，讓合資公司加速完成整個項目的收購。

● 皇后大道西 338 至 346 號酒店現已改為學生宿舍（攝於 2025 年 1 月）

市場變幻莫測，從 2006 年開始，香港的酒店物業需求突然變得越來越大，這為我們帶來了新的機遇。緊接合資公司買下上述的剩餘單位之後，一位酒店物業投資者，通過相熟經紀洽談收購我們這家合資公司（一間只持有物業的投資有限公司），目的是擁有該兩個地盤以便重建為酒店。經過雙方一輪討價還價，以及買方後來對合資公司作出的盡職調查，最終兩名股東一致同意出讓其持有的合資公司給這位酒店物業投資者，賺取了十分理想的回報。

其實買賣「有限公司」是一件非常複雜的事情。買方對每一個細節都需要仔細核對，避免出現巨大風險；賣方需要配合買方對目標公司作出詳盡的盡職調查，包括提供過去的會計賬目、會議紀錄、貸款紀錄及其持有物業的業權文件等。盡職調查的主要目的是為買方挖掘出目標公司潛在的債務和訴訟，確保信息與賣方所披露的一致，同時也需要查證物業的業權文件是否良好無誤。根據盡職調查的需要，買方律師會開列賣方必須向買方擔保的事項，包括規範目標公司在交易完成之前的運作和違反擔保事項的賠償安排等。

討論買賣公司合約條款的時候，買方往往要求把一些對他們極有利的條件定為完成交易的先決條件（Conditions

Precedent），例如在完成交易之前，買方必須取得項目的銀行貸款。作為賣方代表，我會建議投資委員會否決這樣的條件；如果賣方同意，就等如給了買方一個免費且免責的退出交易選擇（Free Option）；不難想像，到了成交日，如果市況轉差，買方就可以用「沒有取得銀行貸款」為理由，取消交易及取回訂金。有時候，為了達成買賣合約，我也會接受一些先決條件，但怎樣決定接不接受先決條件呢？我們會先跟代表律師商討，除非該條件是合情合理，並且不影響交易進程，才會考慮接受；而如果該條件會影響出售項目的收益，我們會稟報投資委員會，交由其作決定。

為甚麼買方願意承受潛在的債務和訴訟風險而選擇購買目標公司呢？當然是因為買方早已計算好賣方願意接受一個比較合理的轉讓價，這樣賣方才能夠省下目標公司因物業升值的利得稅（如有），同時買方也可以免除物業交易的厘印費，因為交易的主體是目標公司，而目標公司仍然繼續持有該公司的物業，所以物業本身並沒有交易。

買賣項目公司的過程，讓我與投資團隊有很多討論和分享過往經驗的機會。從準備目標公司的「資料室」（Data Room）到「與代表律師討論合約」，再到「與對家談判買賣合約」，每個程序投資團隊都會小心謹慎地處理。最為重要的是，這樣的買賣讓團隊得以學習怎樣去帶領其他部門（如財務、工程管理和資產管理等）同事應對各種交易事務，如提供所需的交易資料、協助編排各類文件，從而提升完成買賣項目的效率。回想起來，我不禁會心微笑：每次買賣過程中我是不是都在給「你們」考試呢？

****

我們另外一個收舊樓合資項目是與田生集團（「田生」）合作的，那時是 2010 年年初。當時田生是一家香港上市公司，主要業務包括收舊樓中介服務和物業投資等。這次的合資項目包括五幢樓齡超過 50 年的舊樓，坐落於九龍聯合道 18 至 32 號（「聯合道合資項目」），淨地盤面積約 10,188 平方呎，可建樓面面積約 86,000 平方呎。談這次合資之前，我先交代一段小插曲。

早在 1993 年，我就認識田生集團主席區永華先生，當時區先生牽頭收購了半山些利街一幢舊樓，並授權我的師父盧以德測量師作為中介尋找買家。師父很快便找到一位買家，並約了區先生在買家的公司會面，交代收購情況。這位買家原來是收舊樓行內知名的老手——裕泰興羅肇唐先生。這是我第一次見到區先生以後輩身份謙虛謹慎地向老前輩（羅先生）交代收購情況，可謂巨細無遺。其後在捷利行工作期間，我還繼續與區先生合作，並成功賣出一幢位於彌敦道太子地鐵站附近的舊樓，給予我當時的一個客戶。

很多同行都知道，跟區先生吃晚飯會發現他會化身為侍應，主動把美味佳餚分發給客人，而自己卻因為「減肥瘦身」

● 聯合道 18 至 32 號

● 聯合道 18 至 32 號（上圖黃色部分）

而不沾半點佳餚美酒，只顧說話。去年 8 月我再與區先生和田生雙嬌（Celia Wong、Juan Wong）共進晚餐，才發現區先生和田生雙嬌好像吃了防腐劑一樣，樣貌跟 2010 年的時候沒有兩樣。可想而知，區先生的減肥瘦身養生法是他能夠保持良好身段的妙方。我相信大多數同行都認識 Celia（黃芳人女士），她是田生的行政總裁，也是《芳間樓傳：舊樓重建》的作者，而 Juan（黃琬滺女士）則是田生的營運總裁。

本來聯合道合資項目是一個可以輕鬆為我們帶來豐厚利潤的投資，卻不幸地被當時一名本地投資者與政府的訴訟，影響了整個香港的舊樓重建步伐，也從而令我們錯過了最佳的退場時機，導致利潤大幅度減少。這個訴訟案件是在 2011 年於高等法院提審的，後來經上訴庭，一直打到終審法院。案件是有關香港特區政府（地政總署）如何解釋特定的地契條款。該名本地投資者跟地政總署爭辯的內容是，可不可以在那幅由五塊小地皮合併的土地上，橫跨該五塊小土地（每塊小土地都有獨立地契說明不允許建造多於一所房屋），建一幢 26 層高的住宅大樓。最終，在 2013 年 5 月 13 日，終審法院判決該名本地投資者的公司敗訴。如有興趣，請查閱「Fully Profit（Asia）Ltd. v. Secretary for Justice for and on behalf of the Director of Lands」（FACV No. 17 of 2012）。

我相信稍為有地政經驗的人士，都應該知道地政總署對地契中「one house」的解釋，因為已故地政署署長布培（R.D. Pope）在 2000 年 4 月發出的地政作業備考 PN3/2000 有清楚說明：「如果聯合開發案具有一幢房屋的特點，但在兩塊地塊上建造，且每塊地塊的地契均包含『除一幢房屋外，（承租人）不得建造其他房屋』的條款，這是不允許的」。

其實我們的合資項目公司早在 2011 年已經取得屋宇署和建築事務監督批出重建的建築圖則，只是欠缺了地政總署在有關政府地契條款的批核。可是在訴訟期間，對所有涉及政府地契條款包含「one house or houses」的案件，地政總署基本上都會暫停審批，或是只會否決重建物業的圖則。更甚者，地政總署在「Fully Profit」一案勝訴後，似乎認為凡是政府地契中包含「one house or houses」的條款，都不能橫跨不同地塊重建一幢新的房屋。由於我和另一位同事都是產業測量師，我們認為聯合道合資項目的所有政府地契條款都跟「Fully Profit」案不同，於是我們不停地與地政總署的測量師溝通，了解審批情況。接下來的一年裏，我們亦不斷向官員申述我們應該獲准重建的理據。此外，我們還聘請了行內極有名聲的資深大律師提供了三份獨立的法律意見給地政總署，提出充分理據來支持合資項目重建的審批。資深大律師的主要理據是：

一、我們理解首席法官在「Fully Profit」案中的意思是，由於這些個別政府地契明確規定「不得建造多於一間房屋」，因此實際上禁止跨地段建屋。終審法院再次考慮了該案的實際情況，尤其是政府地契批出時，該地段上已經矗立着一棟房屋。本案沒有類似「不得建造多於一間房屋」的限制性條款，故「Fully Profit」案與本案事實明顯不同。

二、本案其中幾個地段的政府批地條款（Conditions of Exchange no. 3992 and Conditions of Exchange no. 3993, both dated 11 August 1939），即「1939 年條件」，並不禁止業主跨越多個地段建造房屋，或僅在一塊地塊上建造房屋的一部分。

三、本案重建前的建築物已經橫跨幾個地段，而興建的房屋已存在 60 年，政府一直沒有採取行動，執行有關地契條款（如有）。再者，業主花費金錢購地和建屋，如果政府現在依據該地契條款（如有）而不批准橫跨幾個地段興建房屋，是不公平也不合理的。在這種情況下，我們認為政府顯然已經放棄了「不能橫跨幾個地段興建房屋」的地契條款（如有）。

皇天不負有心人，合資項目公司最終在 2015 年 12 月取得地政總署不反對合資項目重建的通知書。合資項目因「Fully Profit」一案拖延了接近四年時間，才取得地政總署對重建項目的批准，錯過了最佳的退場時機，導致投資回報大幅減少，我們的失望程度可想而知。幸好，合資項目公司在 2017 年能夠把整幢全新的住宅大樓連同項目公司一併出售予一位本地投資者，免卻了要再花時間把新的住宅大樓散賣給小業主。

現在回想起來，這個合資項目使我在職場上第二次承受非常巨大的壓力，導致我有一段時間晚上都輾轉難眠。當時同事與我不停討論需不需要先叫停項目建築工程，叫停一方的理據是：如果不停下建築工程，而地政總署又否決重建項目並要求補地價，那麼大廈已建成部分會令補地價的金額大增。對方認為：現時不應該討論補地價金額會否大增，因為地政總署還沒有提出補地價的要求。至於不同意停工，主要原因是：第一，停工會令我們無法按時完成建築工程，承建商會要求合資公司賠償；而當合資公司要求重啟工程的時候，承建商會認為這是更改了原來的合約而要求額外費用；第二，如果無法按時完成建築工程，貸款銀行會認為我們違反了貸款合約，要求立刻清還貸款；第三，立刻清還貸款是兩個合資股東必須一致同意的事情，當然停工也同樣需要他們認可；第四，停工會延長投資的回報期，自然也會增加利息支出，減少合資項目的利潤；第五，停工可能會向地政總署傳遞一個錯誤的信息，以為合資公司同意其政府地契條款與「Fully Profit」案相同，在未補地價前不能按照批准建築圖則重建。

聯合道合資項目能夠在艱難險阻的情況下獲利退場，全憑管理層及合資夥伴的信任，而團隊能夠以專業知識和不屈不撓的工作態度，鍥而不捨地與地政總署溝通，不斷排除困難，也是非常重要的因素。我慶幸帶領一支專業的投資團隊工作，也感謝團隊各人過去為投資項目所付出的不懈努力。這專業而認真的夥伴是最終取得地政總署重建批准書的關鍵。

● 聯合道 18 至 32 號重建後的住宅大樓

第四章　收舊樓的合作夥伴：律師

我們從 2005 年開始在香港投資收舊樓項目。當時我們跟兩位亦師亦友的律師合作。因為業務交往實在頻繁，而且工作壓力巨大，據說其中一位律師連做夢都會喊出我的英文名字（Joey Chiang）。他的太太聽到了這樣的夢話，有甚麼感受可想而知。幸好，這位正人君子的太太明白事理，並沒有因為這事而被嚇到。該位律師就是香港著名的孖士打律師行其中一名合夥人唐子傑律師（Wilfred Tong）。天妒英才，唐律師於

2013 年 3 月踏單車時，發生交通意外而過身，令人惋惜。

為甚麼唐律師做夢也忘不了我呢？因為在 2010 至 2012 年期間，唐律師代表我們公司，處理銅鑼灣中央樓和西半山干德道適雅大廈這兩幢舊樓的收購事務，一共完成了 488 個業權買賣（無獨有偶，中央樓和適雅大廈都是剛好各有 244 個業權，涉及金額數以十億元），而我便是唐律師的主要聯繫人。唐律師不但了解收舊樓業務的運作，而且知道時間對我們基金公司很重要。如果收購時間被拖延，我們不僅要承擔巨額的利息支出，也可能會錯過最佳的退場時機。所以，唐律師每天都跟我們緊密聯繫，討論收購的進展，商討如何讓我們將還未收購到手的業權盡快買下來。甚至有一段時間，我們差不多每天都跟唐律師見面兩個小時以上。我還深深記得當中兩次交易的奇觀——第一次是中央樓，第二次是適雅大廈，這兩次奇觀都是在收購了約 90% 的業權後出現；在買賣成交那兩天，孖士打律師行大半間的會議室都堆滿了交易文件！難得的是，唐律師和何慶材律師（另一位合夥人）在那兩天同樣都有條不紊地指揮着整個律師樓的團隊工作，包括怎樣簽署交易文件、甚麼時候開具不同金額的支票支付交易價款，確保當天能夠及時完成接近 220 個業權買賣的交易，真是規模較小的律師行，或缺少了這兩位極具領導

SINGTAO PROPERTY 星島地產

擬短期申強拍 重建15萬呎樓面

豐泰18.5億購適雅逾90%業權

市區靚地難求，豪宅區地盤就更加「買一個少一個」，豪宅區內的舊樓經常引來財團「插旗」，位於西半山的適雅大廈，剛獲基金豐泰以十八億五千萬元，購入大廈超過九成業權，物業重建達十五萬方呎，為區內近年罕有大型發展項目。該公司短期內將會透過強拍統一大廈業權。

■豐泰落實以十八億五千萬元，購入西半山適雅大廈逾九成業權。

豐泰昨日公布，該集團剛以十八億五千萬元，購入適雅大廈逾九成業權份數。業內人士指，以項目可建近十五萬方呎樓面，及按發展商是次收購的業權比例計算，樓面呎價逾一萬三千元，並爲本年至今市場上金額最大的私人物業買賣。有消息人士稱，是次收購的業權，包括一百三十三個住宅單位，以及七十五個車位，合共逾九成。

呎價逾1.3萬

豐泰發言人表示，項目是次並非全數業權收購，而剩餘的不足一成業權份數，都是住宅部分的單位，集團短期內將會透過強拍條例，向有關部門申請強拍，希望可以盡快完成該大廈的「統一大業」，日後會以豪宅爲發展方針，至於整個項目的總投資額，至今仍未有完成計算，暫時亦未決定項目擬興建的住宅類型及單位面積。

消息人士又指，該廈每個單位的收購價約一千三百五十萬元，以單位面積七百五十至八百方呎計算，是次的收購呎價，介乎一萬六千多元至一萬八千元水平。而車位的收購價，則約每個九十五萬元。

每伙收購價約1350萬

資料顯示，西半山適雅大廈於一九六一年落成，現時由三幢樓高十二層的物業組成，另有三層停車場，地盤面積二萬九千八百六十二方呎，現規劃爲「住宅（乙類）」用途，以五倍重建地積比率計算，可建樓面約十四萬九千三百一十方呎。

至於集團另一個收購項目銅鑼灣中央樓，自〇九年初展開收購計劃之後，到去年八月成功收購九成業權之後，現時已集合在手的業權分數，更已達到九成八，爲該集團旗下最大型的收購項目。

另外，豐泰位於中環的另一個收購舊樓得來的豪宅項目臻環，共有一百零六個單位，去年九月底正式公開發售，九十六個標準單位已經全數沽出，料可在明年入伙。事實上，西半山是港島老牌豪宅區，新盤供應少而且升值潛力高，近年吸引不少財團出手收購舊樓，當中包括恒基及田生集團等。

●《星島日報》，2011 年 6 月 18 日。

才能的律師的有效管理，都無法勝任這兩個大型項目的收購。

我們能夠順利完成項目收購跟唐律師本人的處事態度和專業知識有莫大關係。唐律師是一個很謹慎和細心的人。開始收購的時候，唐律師已經將關鍵的路線圖勾畫出來，作為我們收購行動的藍圖。他會跟我們討論應該先走哪一步棋，並盡量避免程序出錯，以免影響我們在土地審裁處取得強制售賣所有不分割份數的命令（「強制出售命令」）。他還會提醒我們，要先取得註冊產業測量師的重新估價報告，才能夠向小業主提出合理的收購價格和條件。

● 干德道 31 號適雅大廈（攝於 2011 年）

● 敦皓，重建後的干德道 31 號。（攝於 2022 年）

當然，唐律師也會盡量幫我們避開申請強制出售命令，因為從申請強制出售命令到頒佈命令，一般都超過一年時間。在收購西半山堅道 44 號時，他還提出一個嶄新的方案給我們選擇。當時，我們只差最後一個單位就可以統一整幢大廈的業權。據街坊提供的資料，我們才得悉這個單位的業主已經不在人世，而且也沒有親人繼承單位的業權。基於這個原因，該業主欠下大廈業主立案法團一筆攤分的大廈維修費和多年的物業管理費。收舊樓行內一般的做法，是根據《土地（為重新發展而強制售賣）條例》向土地審裁處申請強制出售命令，這是一個合情合理的做法。可是，唐律師卻建議大廈業主立案法團向該單位業主提告，要求法院頒令出售該單位，並使用部分出售價款，清還全部欠款。雖然當中涉及複雜的法律程序和種種問題，但唐律師都為我們一一拆解。最終，我們只用了約九個月的時間，就買下這個最後的單位，統一全幢大廈的業權。這個嶄新的購入方法還給我們額外好處，就是免卻了重建該舊樓時，要符合類似強制出售命令內的附加條件。唐律師這個辦法確實為我們收購的過程增加了不少效益。

為了確保我們能夠順利取得強制出售命令，唐律師運用其專業知識，謹慎仔細地處理我們的案件。因為案例不是很多，我們只能按照《土地（為重新發展而強制售賣）條例》闡明目標舊樓的樓齡或修繕狀況，從而證明該舊樓重建是必須和合理的。唐律師除了建議我們聘請資深建築測量師坐鎮，詳細撰寫包括目標舊樓的修繕狀況和維修費用等內容的專家報告，還找來資深的大律師，代表我們出席土地審裁處的聆訊，證明重建目標舊樓的合理性，以此取得強制出售命令。

****

另外一位跟我們頻繁交往的夥伴朋友是何慶材律師。何律師現時仍然是孖士打律師行的合夥人。大概在 2006 年年中，我們第一次為了收舊樓向銀行融資，當時項目公司還未把該幢舊樓的業權完全統一，銀行的貸款是用於收購業權及重建物業。雖然我們購入的物業已經達到強拍門檻，但貸款銀行對於我們最終能否取得全幢的業權，還是存有疑問。何律師使出渾身解數，根據《土地（為重新發展而強制售賣）條例》的原則，撰寫了法律意見給貸款銀行，並親身說明內容，解釋該條例的立法目的是促進舊樓重建，只要某人或某公司購入的舊樓物業已經達到強拍門檻，該條例便會賦予土地審裁處權力，在合理

● 銅鑼灣中央樓（攝於 2010 年）

情況下，批出強制出售命令。除了提供精闢的法律意見，何律師同時也向貸款銀行指出，如果有其他買家（第三方）在強制出售命令的拍賣場上出現，並以更高價錢搶購這幢已經統一業權的舊樓，貸款人身為大部分業權的擁有人，會收到大部分的出售價款，用來清還該項目所有銀行貸款，這對銀行的利益可說是有很大的保障。最後，我們在何律師的協助下，取得了土地及建築費貸款。

2010 年年初，我們把目光轉移到收購銅鑼灣中央樓上。到了 2010 年年中，我們已經成功收購近 90% 所有不分割份數的業權，這是當時的強拍門檻，因為當時中央樓的樓齡還未滿 50 年。但貸款銀行要求我們，在發放土地貸款當天，我們必須完成最少 90% 所有業權買賣的交易。可是，少數住宅業主（大約 2% 所有業權）約定的成交日期，卻比整體業主（88% 所有業權）約定的成交日期遲了十天左右。為了能夠先按時完成 88% 所有業權的買賣交易，避免違約，我們必須徵求貸款銀行同意，按比例發放部分土地貸款。由於我們還未能滿足貸款合約中所要求的完成 90% 所有業權的買賣交易，只能向兩家貸款銀行商量，以求獲得他們的書面同意。何律師向貸款銀行解釋：銀行需要按照業權比例預先發放土地貸款，我

● Tower 535，重建後的中央樓。（攝於 2022 年）

們才能夠率先完成 88% 所有業權的買賣交易。然後又進一步說明，十天後借貸人未能按照買賣合約完成剩餘的 2% 所有業權交易，所造成貸款違約的風險並不高。何律師又指出：第一，該 2% 所有業權的業主知道他們的出售價錢比獨立出售的市價高出不少，故不會輕易放棄這次交易；第二，賣方知道這次交易是一個收購項目的買賣，如果他們不按時完成交易，便違反了買賣合約的條款，要賠償給買方，而賠償金額是天文數字；第三，買賣合約是必買必賣的約定（死約），買方很容易從法院取得強制出售命令，完成買賣交易。最後，我們獲得銀行先發放部分土地貸款。整幢舊樓的買賣交易能夠順利完成，何律師的智慧和專業知識實在功不可抹。

第五章　投資團隊

在豐泰地產投資工作期間，曾經有三間「獵頭公司」（global executive search companies）分別找我，希望我能夠轉職到他們客戶的公司。我好奇問他們：「我過去二十年都沒有『放風聲』找工作，為甚麼你們的客戶找上我呢？」他們異口同聲說客戶需要找到一位能幹的地產部門主管，建立一支地產投資團隊。這三次邀請「跳槽」的好意，同樣被我婉拒，因為當時我還在為公司建立一支上下一心的專業投資團隊。既然工作性質沒有太大分別，我不想為了多賺一點工資而放棄已經頗具規模的團隊。讀者可能還記得我在第三章提到：「我慶幸帶領一支專業的投資團隊工作，也感謝團隊各人過去為投資項目所付出的不懈努力。」

對我來說，一支能幹的專業投資團隊就是能夠為公司賺錢，且每位成員日後都可以成為出色的領導者，從而壯大公司、增加公司利益。身為部門主管，我會展示熱誠真切的工作態度，引領團隊成員專心一致工作，並且會坦白講出自己的想法，務求發揮更高成效。這些年來，我看到隊員的努力耕耘，尤其是在物業交易之前，不分晝夜完成任務。隊員一旦能夠自主工作，不用上級同事重點教導，整個團隊的效能就可以提升，再多的收購投資和退場項目亦能夠應付得綽有餘裕。例如團隊的分析員能夠處理第一章提到的「收舊樓的前期工作」，就可以參與接下來的收購談判，從中吸收學習。整個收舊樓過程就如學徒（下級隊員）跟師父（上級隊員和我）學習；所不同的是，我們准許學徒提出不同意見，讓師父能夠檢討過程中有沒有出錯，為日後的進步鋪路。

每年，我都會非常認真看待年終工作績效評估，因為這不僅讓我可以透過正式機制評定隊員的工作表現，還可以讓隊員

● 投資團隊（部分隊員）

說出自己一年來的進步與不足。只有加強溝通，加深了解，才能夠壯大團隊的力量。我從不擔心他們的績效獎金，因為他們每年的工作績效都備受管理層認同，獲頒發最高的獎金；但我卻擔心他們有沒有在過去一年提升其領導能力，在工作上有沒有改進。跟各隊員完成當年度工作績效檢討後，我會說出來年工作的要求，如領袖隊員能夠親自帶領下級同事參與項目業務，並成功出售項目公司，利用實戰增強隊員的實際經驗，俾能更快地成為投資團隊的領袖。當然，這也是「升職加薪」的考慮因素。我也會跟隊員分享如何建立個人的資產——可信度（credibility）。別人看到我們言出必行或言行一致，便會更加相信我們的建議。

「努力工作，努力玩耍」是團隊的寫照。我們有過通宵達旦與律師一起努力處理買賣交易的時候，也有過一起開心地慶功唱歌喝酒的時光。今天，部分隊員離開了公司，但也有前隊員歸隊工作；我十分開心見到他們能夠獨當一面領導同事並肩作戰，相信他們還記得我提過不要用「職級權威」去命令別人工作，這是最低層次的領導。回望我們的光輝歲月，想起一同拚搏的一點一滴，是誰伴我闖呢？最後，借用金庸先生的名句結束本章：「白雲聚了又散，散了又聚，人生離合，亦復如斯。」

第六章 出差記

有地產經紀朋友問我：「從事香港物業買賣那麼多年，有沒有試過到外地簽買賣合約？」回想我在豐泰地產投資工作的日子，處理過的香港物業買賣不下 1,000 宗，印象中只有寥寥幾宗是在外地簽署買賣合約的。其實按照香港法律，在外地簽署物業買賣合約的法律要求比較複雜，而且容易出錯，所以我們會盡量要求物業的出售方，回港簽約及辦理交易手續。2010 至 2011 年收購銅鑼灣中央樓的時候，代表我們的孖士打律師行的梁律師（Derek Leung），就成功說服多位地舖業主親自從美國飛回香港，出售他們和家人已經持有幾十年的店舖。不過，我們也曾經為了購入「攔路虎」而有過兩次大費周章的出差。所謂攔路虎，指的是一個或多個關鍵的單位，如果未能夠購入，會影響整個項目收購的成敗。

在 2012 年左右，我們計劃收購干諾道西 129 號與東邊街交界的一幢舊樓和毗鄰的一幢舊工業大廈。當時跟我們合作的經紀楊先生忽然着急地通知我們：「經歷兩年來努力不懈的談判，我方已經跟大約 90% 業權人談妥一併出售物業，唯獨兩個單位的實際業權人是內地佛山市某機構，可是內地機構的主管不能夠隨意到香港，加上出售該等單位必須通過內地機構的既定程序。如要盡快按照市價拿下該等單位，買家必須親自到佛山市參與拍賣競標。」楊經紀強調該等單位是攔路虎，如果手上沒有該等單位，買家難以在短期內達到強拍門檻，故希望我們能夠盡早將其買下。

這個買賣涉及出差旅費，並且為了確保買賣的合法性，該次拍賣亦必須有律師一同出席，於是我們向公司的投資委員會遞交投資計劃書和出差費用申請，在取得了公司內部的批准後，再委託一位香港執業律師（葉律師）陪同我的同事（Will

Ma）出席；楊經紀當然也會同行，負責協調工作。

經過連番溝通，最終楊經紀跟業權人確認了現場競標的確實日期，並獲告知只會在拍賣前一天才掛牌通告公眾有關拍賣事宜。拍賣會在特別安排下進行，我們預期也不會有其他買家在拍賣場上參與競價。楊經紀、葉律師和 Will Ma 一行三人在拍賣前一天的下午抵達佛山市，下榻拍賣場附近的一家酒店，方便步行到拍賣場，免得因交通誤事。正如我們預期一樣，沒有其他買家在拍賣場上出價競投，我們順利在預算範圍內買下該單位。在葉律師的協助下，Will Ma 代表項目公司簽訂了買賣確認書，辦妥簡單的手續後便在當天打道回港。由於買賣的物業位處香港，故所有契據均需要在香港交收和查核。大約兩個月後，葉律師完成審查該單位的業權，證實良好無誤。最後，交易正式完成。

然而，世事難料，成功實非必然，事情的發展往往出人意表。正當我們委託的律師跟餘下的業權人討論買賣合約的時候，一名本地投資者突然冒出，並以高價搶購了大部分物業，估計他意圖在短時間內轉售所購得的物業獲利。當時大部分物業的契據還在我們律師手中，這名買家居然會在沒有查核有關契據之前就快速搶購，很有可能是一次有預謀的行動。果然不出所料，搶購者是行內一名知名活躍買家，並且在短時間內已經把購入的物業轉售給另外一位長線投資者。這趟佛山出差突然變得徒勞，我們似乎忽然變成「攔路虎」，又彷彿為別人作了嫁衣裳，因為整個收舊樓項目的大業主已經不是我們，而是另外一位投資者了。說實話，我們心有不甘，也不明白為何這位活躍買家可以做出這樣迅速的交易，而且聽說他並沒有賺得多少利潤。當然，我們知道背後的長線投資者一定會指示相熟的地產經紀，跟我們商討收購我們較早前購入的兩個單位。我們是一家房地產基金公司，不會靠持有攔路虎牟利，最終也就在賺取合理的淨利潤下，同意出售該等單位。今天回望，我們也算走運，不知道甚麼原因，這兩幢舊樓到現在才拆卸重建！現在市場逆轉，相信項目已經錯過了最佳的退場時機，利潤也肯定會因物業價格下調和貸款利息被蠶食掉了。

● 目標舊樓開始拆卸（攝於 2025 年 1 月）

2017 年年中，我們再次遇到棘手單位，需要再一次出差。當時，我們正在洽談收購北角馬寶道康樂大廈。康樂大廈樓齡已超過 50 年，只要買下單位的地段業權份數達到 80% 或以上，便可向土地審裁處申請強制出售命令，可是當時的經紀馮先生只談好了約 75% 的業權。馮經紀告訴我們，他正在跟一個持有五個單位的家族洽談，如能成功買下，就可取得 80% 以上的業權。只是該家族是住在菲律賓馬尼拉的華僑，馮經紀當時只能跟該家族的親戚見面，並通過他們向該家族主事人轉達購入該批單位的意願，期望能夠早日達成買賣。

由於收購項目進展緩慢，馮經紀最終向該家族的親戚取得家族主事人的聯繫方法，成功與他們通話，提出面對面洽談購買該批單位的要求，並約定會面的時間和地點。馮經紀因急不及待想完成這次收購，向對方強調買家代表會親自到馬尼拉跟他們會面，以表誠意；並且表明買家是有實力的物業投資公司，只要談妥價錢，就能順利完成交易，還奉勸他們不要錯失良機。

當時我們認為康樂大廈雖然景觀一般，但位置不錯，交通便利，前往港鐵站（北角站）、巴士站、小巴站和電車站都只是幾分鐘的步程。如果能夠按照馮經紀建議的價格完成收購最後的單位，項目當會有利可圖。於是，我為同事（Eddie Tsui）申請了三日兩夜的出差旅費，讓他跟馮經紀一起到馬尼拉談判。時近中秋佳節，馮經紀還特意準備了應節禮物，希望以華人的節日溫情打動對方，建立良好關係。可是兩天下來的多次會面，讓我們知道該家族雖然的確有意出售物業，但索價卻遠高於我們的預算，似乎有意把整個項目的利潤據為己有。失望之餘，馮經紀和 Eddie Tsui 也只好黯然離開菲律賓。

從談判的角度看這次收購，雖然談判失敗，無法跟該家族達成買賣協議，但我們卻還有最有利的替代方案，即是放棄收購該項目而改投其他有利可圖的項目。最終投資團隊向管理層彙報了康樂大廈的收購情況，建議放棄收購。我們明白身為專業的投資經理，不能單單以做成交易為目標，還必須要遵從公司的內部指引，時刻保持紀律嚴明的投資態度。

最近我行經該址，看到康樂大廈還沒有重建。於是我更相信「不是你財，不入你袋」的說法。當日馮經紀和 Eddie Tsui 已經全力以赴，希望跟賣方達成協議，卻好像欠缺緣分，始終未能成事。今天重思，能夠成功收購一個舊樓項目真是來得不易，希望去年 12 月實施的《修訂條例》可以有效促進舊樓收購，加快重建步伐。

● 馬寶道康樂大廈（攝於 2025 年 2 月）

業界有經驗豐富、獨具慧眼的前輩，有具備專業知識、處事認真嚴謹的專業人士，有努力拚搏、高效能幹的團隊，這些專才頭腦靈活，心思縝密，利用現有法例、規條，增加土地面積，提升土地價值，善用土地資源，這是人才之利，也是土地之利。

地利篇

第七章

地界變更

2007 年年初，我的投資團隊初次向首席投資官（Chief Investment Officer）彙報中半山堅道 38 至 42A 號的收購項目，特意提及物業重建後的地界很可能需要退後，面積變小，而這也是我們向政府有關部門提出的建議。首席投資官的即時反應是：「這樣做會不會影響物業的價值？」我們便詳細說明提出這個建議背後的原因：重建舊樓，發展商一般會按照城市規劃大綱圖、政府地契條款和《建築物條例》的限制，申請重

● 堅道 38 至 42A 號

● 堅道 38 至 42A 號（六層高淺黃色的舊樓）；堅道 44 號（十層高粉紅色的舊樓）。

建的建築圖則，如果有關的發展限制沒有「地界退縮」的要求，重建後的地界的確不需要改變。但是市區的舊樓重建，往往有助改善社區設施和環境，故發展商也會盡量配合政府的道路改善計劃，如擴闊行人路和增設巴士站等；在狹窄的街道上展開舊樓重建項目，尤其重要。

堅道 38 至 42A 號在重建之前，門前是一條狹窄的行人路，「人撞人」的情況經常發生，出入上址，極為不便。如果重建後的住宅大廈，門前仍是一條狹窄而擁擠的行人路，先不說行人會被擠出車道，引發車禍，新住戶也不會喜歡這樣的設計。從銷售的角度看，不難想像這幢新大廈不單沒有貴氣，反而會流露「小器」的感覺。另外，俗語說「明堂如播米，子孫窮到底」，重視風水的人會設法避免居住在明堂狹窄而雜亂的房屋，因為居住環境的氣場不流通，窒礙了天地間的生氣聚合，生氣未能穩定流進家居，以致居住其中的人心裏不踏實。那些看重風水的人便很有可能會對日後建成的新大廈避而遠之。就算我們不盡相信風水，也要考慮風水因素對新住宅銷售的影響。因此，我們才會擴闊該段行人路，這樣既能夠有更大機會獲得政府批准，又符合住戶的心理要求和環境需要。

重建堅道 38 至 42A 號這樣的舊樓，要擴闊公眾行人路，地界退縮並不是唯一的方法。我們也可以維持原來的地界，只把新大廈從地界往後退一點，這樣不也是一樣擴闊了行人路嗎？這做法表面上可行，但會導致業權不清，新建的行人路一部分屬於公家（政府），另一部分則屬於私家（業主）。除此之外，私人業主在一般情況下都不會開放門前空地予公眾人士使用。試想想，路人在私家地上發生意外，例如跌倒受傷，隨之而來的會是醫療費索償和訴訟等無妄之災。因此，地界退縮是一個較合理的方法，利用本來屬於私人的土地擴闊公眾行人路。

基於上述考慮，我們重建這個堅道項目前，先安排土木工程顧問跟運輸署和路政署探討有關地界退縮的可行性。不出所料，運輸署和路政署的分區工程師也認為其時的堅道 38 至 42A 號門前的行人路闊度並不符合最新標準，故必須要擴闊，改善擁擠的情況。其實，運輸署和路政署曾經為該段堅道的行人路擴闊工程做過可行性調研，並制定了該道路改善工程的草圖。我們主要的目的是爭取運輸署和路政署支持我們建議的地界退縮方案，退縮部分包括堅道 38 至 42A 號和堅道 44 號的前端地界。既然目標一致，我們的土木工程顧問就只

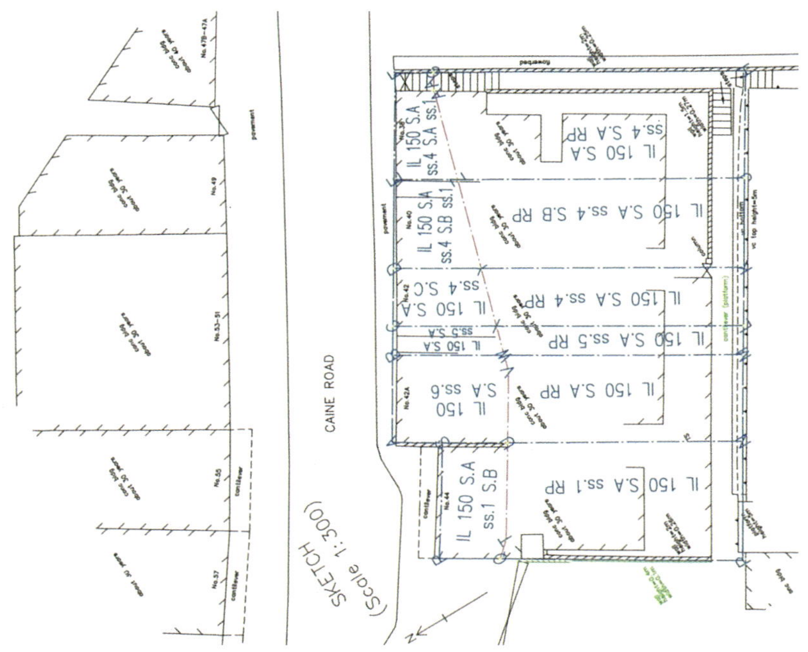

● 上圖的紅線就是退縮後的地界

需與這兩個政府部門深入討論怎樣執行該段行人路的擴闊工程，並且就道路改善工程大綱圖的設計達成一致意見。從附圖大概可以看到退縮後的地界（沿着地舖門面），地上紅磚部分是堅道 46 號的門前空地（當時的發展商已經交還這空地給政府）。

● Gramercy 瑧環，堅道 38 至 44 號（有綠化外牆的大廈）。

為甚麼我們需要運輸署和路政署支持我們建議的地界退縮方案呢？這正好回應了首席投資官的顧慮。我們的答案是：這樣做不但不會影響重建項目的地價，反而會使之增值。如果運輸署和路政署支持該地界退縮方案，我們就可以根據《建築物（規劃）規例》第 22（2）條取得地積比率（plot ratio）和上蓋面積覆蓋率（site coverage）的獎勵。也就是說，我們必須要把退縮地界而來的土地無償交還給政府（地政總署），才可以取得獎勵。當時我們估算額外增加的批准建築面積約為 10,000 平方呎，即「歸還土地面積」（約 2,000 平方呎）的五倍。按照當時的樓面地價每平方呎 8,500 元計算，我們其實已為重建項目增值了 8,500 萬元。順帶一提，歸還土地面積同時會納入淨地盤面積計算，所以可批准的建築面積並不會因歸還土地而有損失。在港島區，甲類地盤（如堅道 38 至 44 號）可批准的住宅建築面積為淨地盤面積的八倍。如有疑問，應盡早向建築師尋求專業意見。

審批重建圖則時，屋宇署會要求我們簽署保證書，承諾會在地政總署滿意的條件下交回「歸還土地」給政府。上文已經提到，歸還土地的面積和位置都是按照運輸署和路政署支持的地界退縮方案而設定的，會從堅道 38 至 44 號原本的土地分割出來，並且分配獨立的地段號碼，待日後歸還土地給政府。

新大廈建築工程完成後，我們隨即向屋宇署申請入伙紙，因為我們已經在預售樓花合約中註明了交付單位給買家的最後日期，為了避免違反合約，我們必須在該日期前取得新大廈的入伙紙。而屋宇署發出入伙紙前，一定會先向有關政府部門查證我們是否已經按照批准建築圖則，完成所有建築要求。可是這時候卻出現了麻煩，雖然沒有政府部門指出我們的項目違反了批准建築圖則的建築要求，但是地政總署卻指我們尚未交回「歸還土地」，原因在於路政署還未驗收有關的道路改善工程。職是之故，屋宇署通知我們的項目建築師，表示暫時未能給新大廈發出入伙紙。其實新大廈與歸還土地分屬不同地段，並有各自的地段號碼；況且交還歸還土地的責任不在新大廈的業主，故我們認為屋宇署應該按照《建築物條例》給新大廈發出入伙紙。為了避免與屋宇署爭論，阻礙事情進度，加上最後交付日期將屆，項目建築師想出一個折衷辦法，好讓屋宇署早日批出新大廈的入伙紙；他建議我們跟地政總署簽訂「歸還土地協議書（附標示地圖）」，並在土地註冊處登記和註冊該協議書。既然項目公司作為交還歸還土地的合約方，便會承擔有關的法律責任，屋宇署就可以放心發出新大廈的入伙紙。

隨着屋宇署發出新大廈的入伙紙，我們也順利地按時完成各分層單位的買賣交易，陸續把單位交付買家。所有分層單位都交付妥當後，項目視作已經完成，投資團隊功成身退。沒想到大約在兩三年後，項目公司突然收到地政總署來信，指路政署並未驗收有關堅道的道路改善工程，要求項目公司盡快跟進，交還「歸還土地」。於是我的投資團隊馬上與已離任的項目建築師了解箇中情況，才獲悉原來的工程協議並沒有包含跟路政署驗收有關道路改善工程的程序。當時的項目建築師和工程承建商直接把已修好的道路和行人路開放給予公眾使用，就此了事。清楚事情的來龍去脈後，我們接手跟進驗收有關的道路改善工程。為了加快完成驗收，我們找來正在附近有「在建工程」的建築師，請他幫忙聯繫路政署，並完成有關道路改善工程的驗收；也正因為該名建築師要跟進「在建工程」，與路政署當區工程師在工作上建立了良好關係，這才使得路政署順利驗收了該段堅道的道路改善工程，並接手處理有關日後的道路維修工作。最後，項目公司藉着簽訂「歸還土地契據（附標示地圖）」，交還該片歸還土地給地政總署。項目至此終於畫上一個圓滿句號。

雖然我們遲了交還「歸還土地」給地政總署，但幸好沒有被處罰利息或費用。回想起來，投資重建舊樓項目異常複雜，箇中情況既多變數，也時有意外，實在極具挑戰性。沒有這樣的地界退縮和土地歸還，哪有寬敞明堂和地價增值？

第八章　規劃申請，為土地增值

在香港，為甚麼地產基金公司好像不願意投資地產發展項目呢？我認為與發展項目固有的投資風險有莫大關係。發展商購買土地的時候，他們已經假設能夠建造有價值的物業，並且透過出售獲取利潤。不過，發展商這假設本身實在包含了很多複雜的變數，即使有豐富的地產發展經驗，退場後的收益也不一定能達到心目中的預期。以下是一些可能發生的變數：

一、整個項目發展所需時間比預計的更長，因為：第一，獲得批准圖則或動工的時間拖長了；第二，施工進度不如預期順利，譬如惡劣天氣的影響；第三，新法例的干擾（例如《一手住宅物業銷售條例》）或案例（如前述「Fully Profit」案）的影響，拖延了預定的銷售時間。

二、項目發展的時間增長，增加利息成本。另外，建築工人工資、材料和雜項（如保險費）等建築費用大幅上升，導致發展成本超支。

三、在三數年的建築期內，正在建造的房屋類型的需求大幅減少，或者同類型房產的供應大量增加；兩者同樣會使售價下調，減少收益。

四、土地和建築費的貸款利息上升導致發展利潤減少。

五、項目發展期間，整體經濟狀況已經改變，令整體房地產市場受到負面影響。

當然，上述的變數也可能出現向好的情況，致令退場後的收益大大超出發展商的預期。

既然地產發展項目有那麼多變數，為甚麼我在豐泰地產投資工作期間，還建議投資收舊樓項目和其後的物業發展呢？在第一章裏，我提到收舊樓可以讓收購者在市區獲得便宜的土地，而低於市價的土地成本，好像給了我們一個緩衝區，讓我們有更多的時間和更大的財務空間，應對複雜的地產發展變數，承受始料不及的上升成本或者物業價格下調，我們的項目就不至於很容易變為負資產。

完成項目收購後，除了可以即時把整幢舊樓以現狀作為地盤模式，轉售給其他發展商外，我們還可以先為該地盤增值，然後再決定要不要當下退場。第七章提到的「地界退縮」是一個地價增值方法的特殊情況，本章向大家介紹我們曾經使用的另一個增值方法：在不需要補地價的情況下，利用《城市規劃條例》第 16 條向城規會提出申請改變土地規劃用途，從而令土地價值增加。

2010 至 2013 年期間，我們積極洽談收購多個舊樓項目，其中一個是九龍土瓜灣下鄉道 8 至 12A 號近浙江街的一幢九層高舊樓（「第一期」），樓齡 48 年，地盤面積約 7,533 平方呎，規劃為「住宅（甲類）」。我們還同時洽購緊貼第一期背後的土瓜灣道 68A 至 70C 號舊樓（「第二期」），如果成功收購第一期和第二期，兩個地盤可合併發展，總地盤面積將增加到接近 20,000 平方呎。完成第一期收購後，我們於 2012 年 1 月取得屋宇署和建築事務監督批出一幢 31 層高商住大廈的重建建築圖則。而在幾個月前，即 2011 年 5 月，地產代理監管局發出執業通告，要求地產代理從業員根據發展商所提供的價目表，向一手住宅物業準買家提供物業的實用面積，以及按實用面積計算每平方呎的售價資料。立法會也於 2012 年 6 月通過《一手住宅物業銷售條例》(「《銷售條例》」)，《銷售條例》隨後於 2012 年 7 月 6 日制定成為法例，並於 2013 年 4 月底實施。[1]《銷售條例》規定未落成和已落成的一手住宅物業，只可採用實用面積說明單位面積，以及每平方呎 / 平方米的售價。倘賣方不遵守《銷售條例》的有關規定即屬違法，《銷售條例》第 76 條有以下的刑責：

(1) 任何人如為誘使另一人購買任何指明住宅物業，而作出具欺詐性的失實陳述，即屬犯罪。

(2) 任何人犯第 (1) 款所訂罪行——

(a) 一經循公訴程序定罪，可處罰款 500 萬元及監禁七年；或

(b) 一經循簡易程序定罪，可處罰款 100 萬元及監禁三年。

1 參 https://www.aud.gov.hk/pdf_ca/c79ch08.pdf。

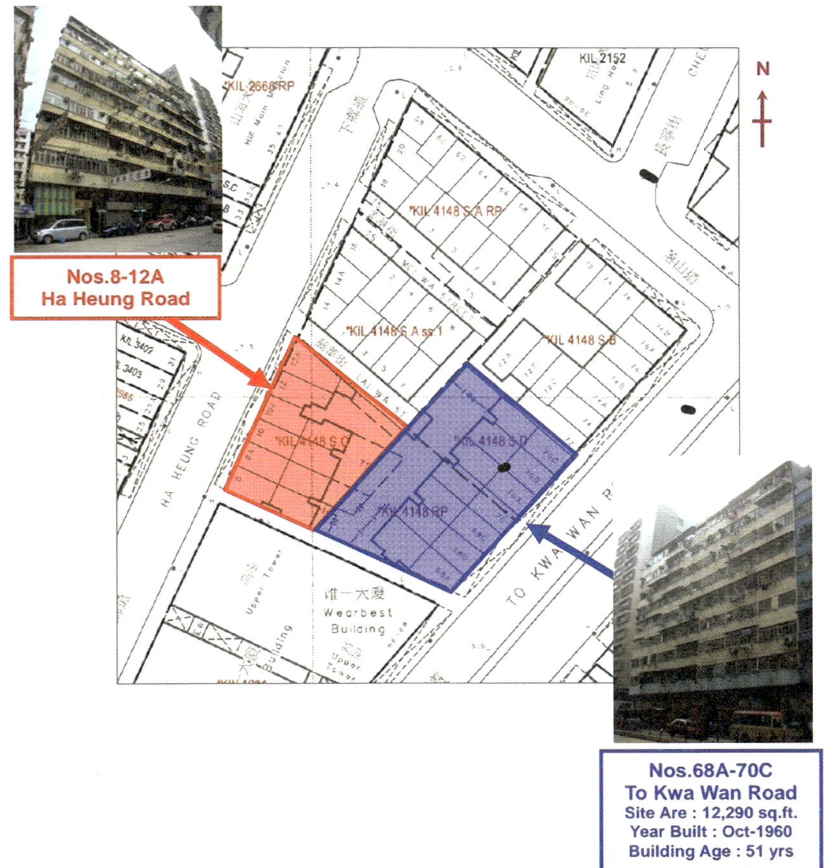

● 第一期和第二期物業示意圖

● 下鄉道 8 至 12A 號——第一期物業（攝於 2011 年）

● 土瓜灣道 68A 至 70C 號（第二期物業）已被恒基地產收購後拆卸，背後的玻璃幕牆大廈就是建在「第一期物業」土地上的酒店。（攝於 2025 年 1 月）

第一期的地盤面積只有 7,533 平方呎，如果不能夠和第二期合併重建，第一期單獨發展的住宅單位實用率大約是 78%，預算售價為建築面積每平方呎 13,500 元，實用面積每平方呎售價則是 17,300 元。對住宅買家而言，樓價突然飆升，令人卻步。如果可以與第二期合併重建，住宅單位實用率會提升至大約 90%，實用面積呎價也會下調至 15,000 元，價錢相信較受市場接納。可是，第二期的收購進度停滯不前，主要原因是地舖業主索價過高，彷彿連發展商的合理利潤都要吃掉。衡量「收購時間」和「預期收益」的敏感度分析後，我們最終決定放棄收購第二期。

誠如前面所提到，《銷售條例》規定日後出售新建住宅，必須採用實用面積計算售價。在細小地盤新建的住宅單位，實用率較低，可出售的實用面積自然較少，所以土地價值也會減少；《銷售條例》的銷售要求，如提供示範單位、售樓說明書和銷售網站等，都會增加銷售成本，以致影響利潤。經過仔細考慮上述情況，如果第一期按照批准圖則單獨發展為商住大廈，住宅單位實用率不是特別高，回報期又會因大廈建築需時而延後幾年。因此我們建議不做建造部分，而是先把土地增值，然後立刻退場。

怎樣為土地增值呢？土地價值主要在於可發展潛力，當中包括物業的可建樓面面積及該物業的需求量和供應量。其時香港酒店業受惠於內地旅行團和自由行，旅客對三星和四星級酒店尤其有熱切需求。第一期的地盤距離正在建造的地鐵線（今「屯馬線」）土瓜灣站只有 100 米，交通接駁十分方便；如果城規會批准建造一幢酒店，土地的地積比率可以從商住用途的約 8.4 倍增至 9 倍。據此分析結果，我們向首席投資官彙報項目的具體情況，取得他的同意後，立即成立「項目規劃申請小組」，成員包括城市規劃師、建築師、土木工程顧問和我的投資團隊，並跟據《城市規劃條例》第 16 條向城規會提出申請改變土地規劃用途，批准項目公司建築一幢 22 層高、不多於 340 間客房的中低關稅酒店（medium-low tariff hotel）。

我們聘請的城市規劃師，是經驗豐富的前政府規劃專員，在他的協助下，「項目規劃申請小組」跟香港旅遊發展局和多個有關政府部門（包括但不限於規劃署、地政總署、屋宇署、運輸署、消防處、環境保護署、渠務署、食物環境衛生署）溝通和交換意見，只用了半年時間，就完成規劃申請方案，並在 2012 年 8 月向城規會遞交規劃申請。

我們的申請安排在同年10月在城規會的都會規劃小組委員會（Metro Planning Committee）會議中討論。項目的城市規劃師在會議上力陳我方的主要論點：一、建議的酒店符合該地區的住宅和商業發展意向，與周圍高密度的土地用途兼容。另外，建議方案能夠配合當時旅遊政策所提及的需要更多酒店，以滿足未來需求上升的情況；二、建議的酒店對周圍的基礎建設及設備，以至交通和排污的影響甚少，可說是微不足道；酒店會有必須的內部運輸，對環境影響極微；三、本案之前，城規會已批准過類似酒店用途的申請方案，因此本案不會成為不良的先例。正好相反，本案將配合已具勢頭的發展趨勢，刺激本地的經濟活動並創造更多的就業機會。

我們這次規劃申請的努力沒有徒勞，規劃署在同年11月9日通知我們城規會的決定，批准項目公司興建本案建議的酒店。另外，在城規會決定之前，地政總署同樣批准了興建酒店的申請，而且不用補地價。

就如預期一樣，我們取得城規會批准項目公司興建酒店後，第一期物業（土地）的需求和地價都提升了。最終我們通過出售項目公司，把第一期物業轉讓給一家知名的酒店發展

● 從浙江街望向現時的酒店（攝於 2025 年 1 月）

及營運商。今天回顧，住宅市場從當年一直保持暢旺至 2020 年，可惜我們沒有「水晶球」，不能預知幾年後的市況；也許我們錯過了最暢旺的住宅市道，但我們能夠緊守投資原則，在土地增值後立刻退場，讓投資者取回資本並獲得利潤。

第九章　靈活使用 C/R 用地

十多年前，從港島區的分區計劃大綱圖（Outline Zoning Plan）中不難找到「商業 / 住宅地帶」（C/R Zone，「商住地帶」）；但近年來，我發覺越來越難找到商住地帶了。2024 年 12 月某天，我發現似乎只能夠在北角（港島規劃區第八區）分區計劃大綱圖找到商住地帶，範圍主要是從天后興發街至北角模範里。[1]

1　參 https://www.ozp.tpb.gov.hk/。

我喜歡商住地帶這個土地用途規劃，這讓發展商可以靈活選擇建造自用或合適市況的物業，如選擇建造純住宅大廈、商住大廈、純寫字樓大廈、商業寫字樓大廈、商業零售大廈、酒店或服務式住宅等。當然，要發展成為准許用途的物業，其土地的地契條款也同樣要准許發展該類型物業，不然就要補地價給政府了。這些准許發展的土地不但不用依據《城市規劃條例》第 16 條向城規會提出改變規劃用途，而且已經詳細列明准許用途於相關的大綱圖所附的「商業 / 住宅用途表」第一欄（經常准許的用途）內。

那麼，發展商怎樣確定是否興建准許用途的物業呢？是否按照地積比率來決定呢？我認為發展商是按照未來市場的供應和需求來作出合理的決定。如果沒有特別原因，例如發展商自用需要，順理成章的選擇就是建造一幢可賺取最多利潤的大廈。去年預售住宅樓花的英皇道 101 號重建項目，前身是成報大廈（寫字樓大廈）和毗鄰的空地。由此可見，商住地帶確實給予發展商一個靈活運用土地的空間；在寫字樓需求不足時，重建為需求比較殷切的住宅項目更能夠將利益最大化，儘管可建住宅的樓面面積比商業用途減少了。

順帶一提，《建築物（規劃）規例》附表 1[1] 制定了住宅建築物和非住宅建築物的地積比率和上蓋面積覆蓋率。例如，在港島區一個甲類地盤建造純住宅大廈，最高的地積比率是八倍；但如果建造非住宅（如商業零售）大廈，最高的地積比率則是 15 倍。

在商住地帶建造非住宅大廈，除了可獲得比住宅大廈多近 90% 的地積比率外，還有一個好處，那就是按照《建築物（規劃）規例》第 28 條的規定，不需要建一條通道巷（service lane，俗稱「掃把巷」）。第 28（1）（a）條說明：「每幢住用建築物在背後或旁邊須設有一條通道巷，但如已有一條闊度不少於三米的公眾巷或已有一條街道存在，則無須闢設通道巷。」按照《建築物（規劃）規例》第 23（2）（a）條，所有街道或住用大廈的通道巷都不能納入淨地盤面積計算。因此，當申請建造一幢住宅或商住大廈時，如果有部分土地剛好有一條三米的通道巷，那該段通道巷的土地就不能納入淨地盤面積計算；但如果申請的是建造一幢非住宅大廈，則該段通道巷的土地就會納入淨地盤面積計算。

---

1 參 https://www.elegislation.gov.hk/hk/cap123F!zh-Hant-HK。

第123F章 《建築物(規劃)規例》

附表1

[第18A、20及21條]
(2005年第110號法律公告)
(格式變更——2020年第5號編輯修訂紀錄)

上蓋面積百分率及地積比率

建築物高度(米)	住用建築物						非住用建築物					
	上蓋面積百分率			地積比率			上蓋面積百分率			地積比率		
	甲類地盤	乙類地盤	丙類地盤	甲類地盤	乙類地盤	丙類地盤	甲類地盤	乙類地盤	丙類地盤	甲類地盤	乙類地盤	丙類地盤
不超逾15米	66.6	75	80	3.3	3.75	4.0	100	100	100	5	5	5
15米以上但不超逾18米	60	67	72	3.6	4.0	4.3	97.5	97.5	97.5	5.8	5.8	5.8
18米以上但不超逾21米	56	62	67	3.9	4.3	4.7	95	95	95	6.7	6.7	6.7
21米以上但不超逾24米	52	58	63	4.2	4.6	5.0	92	92	92	7.4	7.4	7.4
24米以上但不超逾27米	49	55	59	4.4	4.9	5.3	89	90	90	8.0	8.1	8.1
27米以上但不超逾30米	46	52	55	4.6	5.2	5.5	85	87	88	8.5	8.7	8.8
30米以上但不超逾36米	42	47.5	50	5.0	5.7	6.0	80	82.5	85	9.5	9.9	10.2
36米以上但不超逾43米	39	44	47	5.4	6.1	6.5	75	77.5	80	10.5	10.8	11.2
43米以上但不超逾49米	37	41	44	5.9	6.5	7.0	69	72.5	75	11.0	11.6	12.0
49米以上但不超逾55米	35	39	42	6.3	7.0	7.5	64	67.5	70	11.5	12.1	12.6
55米以上但不超逾61米	34	38	41	6.8	7.6	8.0	60	62.5	65	12.2	12.5	13.0
61米以上	33.33	37.5	40	8.0	9.0	10.0	60	62.5	65	15	15	15

(1976年第294號法律公告)

●《建築物（規劃）規例》附表 1：上蓋面積百分率及地積比率

我們曾經為銅鑼灣登龍街 8 至 14 號申請建造一幢商業零售大廈，批准的建築圖則就把 300（5×60）平方呎的後巷納入淨地盤面積計算，而且該部分後巷在最初的地段轉讓契約條款中，附帶了通行權（Right of Way）給予附近大廈業權人和使用者的條款。同樣，我們也曾經為灣仔道 232 號（另外一個合資項目）申請重建為商業寫字樓大廈，並獲批准把後巷和側巷面積一併納入淨地盤面積計算，而那些後巷和側巷土地因早已簽訂了「相互批准使用通行權契據」（Deed of Mutually Grant of Right of Way），也是附帶了通行權給予毗鄰三幢大廈的業權人和使用者使用。如有疑問，要盡早向律師和建築師尋求專業意見。

登龍街 8 至 14 號後巷面積可納入淨地盤面積，但屋前土地卻不能被納入淨地盤面積。如果想了解為甚麼屋前面積不能納入淨地盤面積，請參考第二章提到的英國樞密院在「Attorney General v. Cheng Yick Chi and Others」一案的判決。

提到大廈後巷，不得不提及另外一個英國樞密院案例——「Hinge Well Co. Ltd. v. AG」（1987, 1 HKC）案。這個案例是在香港上訴庭判決後，再上訴到英國樞密院的。

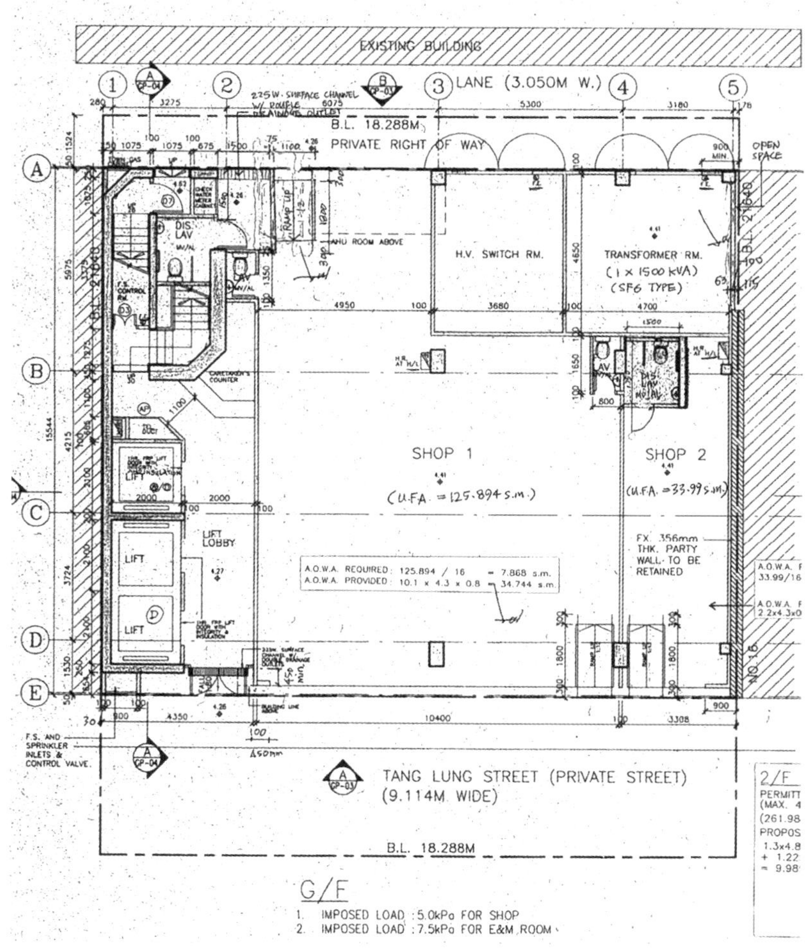

● 銅鑼灣登龍街 8 至 14 號批准建築圖則：G/F Plan

CALCULATION OF SITE COVERAGE & PLOT RATIO:

CLASS OF SITE = A

SITE AREA (FROM LEASE) = 4260 sq. ft
= 395.767 s.m.

NET SITE AREA = 395.767 − 4.572x18.288 (15'x60', FROM LEASE)
= 312.154 s.m.

BUILDING HEIGHT: = 95.70m (99.96 − 4.26)
(MAIN ROOF LEVEL − MEAN STREET LEVEL)

(1) SITE COVERAGE CALCULATION:

A) PERMITTED SITE COVERAGE FOR NON-DOMESTIC DEVELOPMENT:

BUILDING PLANNING REGULATION :
100% <15M HIGH
60% >61M HIGH

B) SITE COVERAGE CALCULATION:

1) PODIUM (NOT EXCEEDING 15M)
PODIUM LEVEL − MEAN STREET LEVEL:
19.110 − 4.26 = 14.85 m < 15 m

ACTUAL SITE COVERAGE :
275.080 / 312.154 = 88.12% <100%

2) TOWER (EXCEEDING 61M)
ACTUAL SITE COVERAGE:
180.452/ 312.154 = 57.81% < 60%

(2) PLOT RATIO CALCULATION:

A) PERMITTED PLOT RATIO FOR NON-DOMESTIC DEVELOPMENT:

IN ACCORDANCE WITH WAN CHAI OZP NO. S/H5/25 : NO RESTRICTION

BUILDING PLANNING REGULATION : 15

B) G.F.A. CALCULATION:

G/F	SHOP		=	228.244 s.m.
1/F	SHOP		=	253.071 s.m.
2/F	SHOP		=	261.989 s.m.
3/F−29/F	SHOP 178.885 x 22		=	3935.470 s.m.
(THERE IS NO 4/F, 13/F, 14/F & 24/F & 22/F IS E/M FLOOR)		TOTAL	=	4678.774 s.m.

D) ACTUAL PLOT RATIO TO BE PROVIDED = 4678.774 s.m. / 312.154 s.m.
= 14.99 < 15.000

● 銅鑼灣登龍街 8 至 14 號批准建築圖則：淨地盤面積及批准建築面積計算

● 登龍街 8 至 14 號，屋前土地已經成為登龍街的一部分。（攝於 2008 年）

當時的爭論是關於灣仔駱克道和謝斐道之間一個 L 型擬建地盤的建築圖則，屋宇署否決了上訴人提交的建築圖則，因為地盤中央有一條通道巷，屋宇署認為必須從淨地盤面積扣除。英國樞密院闡釋了幾個法律觀點，其中一個重要觀點是：「由於毗鄰業主擁有私人通行權經過該通道巷的土地，在拆卸舊樓前，該『通道巷』在法定意義上是『街道』，並且不會僅僅因為先前的物理地標消失（因舊樓拆卸）而不再是街道」。其實我對這個重要觀點大惑不解，並認為是不正確的，不然，屋宇署會就上述登龍街和灣仔道的批准建築圖則（在「Hinge Well」案例出現後），要求把有關的通道巷從淨地盤面積扣除。其實，英國樞密院也在「Hinge Well」案的判詞中提及「通道巷」應該有別於「街道」;「通道巷」在《建築物（規劃）規例》第 28 條定義為住用建築物背後或旁邊的一條私家通道巷。要是「通道巷在法定意義上是街道」，在立法或修改條例的時候，就應該在《建築物（規劃）規例》第 28 條說明了；而且《建築物（規劃）規例》第 23（2）（a）條（「無須考慮任何街道或通道巷的任何部分」）也不用分開「街道」和「通道巷」了。「Hinge Well」案的土地最後重建為一幢酒店。翻查批准建築圖則，酒店背後的通道巷的土地已從淨地盤面積扣除，可是我認為該部分土地（酒店背後的通道巷）沒有變成「街道」，從而根據第 23（2）（a）條，把該所謂的「街道」從淨地盤面積扣除。為了釋除疑惑，我曾經就此案例向一位註冊建築師（認可人士）請教，他估計當時發展商建造的是一幢酒店（住用建築物），需要按照《建築物（規劃）規例》第 28 條提供一條三米闊的通道巷，而該通道巷的土地也須按照第 23（2）（a）條從淨地盤面積扣除。當然，如有疑問，還是應該向律師和建築師尋求專業意見。

雖然我對前述「Hinge Well」案例中這個重要觀點猶有疑惑，不過，英國樞密院在同案中卻清楚闡釋了另一個重要觀點：「確定是不是存在第 23（2）條所指的『街道』或『通道巷』的關鍵時間是擬進行重建的時間」。這個法律觀點讓我們知道申請批准圖則重建舊樓的時間，就是關鍵時間；新的批准圖則不一定受限於舊樓原本的建築圖則，而是只會受限於當時的法規。因此，我們日後申請重建舊住宅大廈為商業零售大廈，新的批准建築圖則可以按照《建築物（規劃）規例》第 28 條的規定，不需要建一條通道巷。

第十章　合併價值

在第三章，我提及了「合併價值」（Marriage Value）而未附實例說明。其實，合併價值經常在收購舊樓時出現，但並不是每次收購舊樓都能夠創造這個價值，並且釋放出來。那麼，甚麼是合併價值呢？英國皇家特許測量師學會（RICS）將合併價值定義為「由兩項或多項資產或權益合併所創造的額外價值，其中合併後資產或權益價值大於單獨資產或權益價值的總和」。相信同行都知道，英國的土地制度有永久業權和租賃權益之分，所以合併價值多出現在英國的物業上，例如：一、物業租賃年期延長；二、物業承租人向永久業權人購買其永久業權；三、兩塊土地合併發展。跟英國不同，香港的土地制度只有租賃權益，所以合併價值一般只會在土地合併的情況下出現。

當年我們收購堅道 38 至 42A 號和堅道 44 號的時候，約 9,000 萬的合併價值就給釋放出來。以下按照定義簡單計算一下，讓大家更容易理解何謂合併價值：

一、假設堅道 38 至 42A 號的地盤面積約 6,900 平方呎，地積比率 8.9 倍（包括兩層商業），重建後住宅的實用率約 78%，樓面地價每平方呎約是 8,500 元；地價一大約是 521,985,000 元。

二、假設堅道 44 號的地盤面積約 1,900 平方呎，地積比率 8.9 倍（包括兩層商業），重建後住宅的實用率約 52%，樓面地價每平方呎約是 5,000 元；地價二大約是 84,550,000 元。

三、假設將兩塊土地合併（即堅道 38 至 44 號），地盤面積約 8,800 平方呎，地積比率 8.9 倍（包括兩層商業），重建後住宅的實用率約 82%，樓面地價每平方呎約是 8,900 元

（因為堅道 44 號的住宅實用率由 52% 增加到 82%，堅道 38 至 42A 號的住宅實用率也增到 82%，土地增值了）；地價三大約是 697,048,000 元。

四、合併價值＝地價三－（地價一＋地價二）。

五、即合併價值等於 90,513,000 元。

上文提到，我們洽購堅道 44 號的時候，已經買下堅道 38 至 42A 號。因為堅道 44 號的地盤面積細小，重建後住宅的實用率十分低，我們估計自己是唯一的買家，就算有興趣的收購者也只會要求價格折讓。俗語說「大雞唔食細米」，我想即便小型發展商也不一定有興趣以市價投資那麼細小的項目，更何況中大型發展商。但對我們來說，我們是一名特殊利益買家，因為唯獨我們擁有堅道 38 至 42A 號的土地，能夠將該合併價值釋放出來。那麼，我們應該用甚麼價錢來收購堅道 44 號呢？從數字上計算，我們好像有了一個可能達成買賣協議的區域（最低收購價［地價二］和最高收購價［地價二加合併價值］之區間）跟小業主討價還價。

按照正常的舊樓收購計算，收購者自然不會把全部地價（地價二）都給予小業主，否則這就是用市價購買，對收購者有何利潤可言？可是，我們是特殊利益買家，賣方會要求我們溢價購買。在這種情況下，我認為能夠達成買賣價的唯一途徑只有談判，而且誰有較大的議價能力，誰就能瓜分較大的合併價值。我們要求經紀轉達信息，讓堅道 44 號的小業主知道，如果不接受我們的收購價，我們就會放棄收購，業主也唯有等待「市建打救」，重建變得遙遙無期。身為中介，經紀也力勸我們三思，指出若收購堅道 44 號失敗，合併價值就無法釋放，也就無法獲得更多利潤。當時我們既想加大地盤面積，又不想項目拖延下去，於是便向小業主提出一個無法抗拒的建議——按照雙方地盤面積比例瓜分該合併價值，最後小業主欣然接受建議，締造了一個皆大歡喜的結局。不知道讀者還記不記得，我在第一章中提到堅道 44 號完成收購後，小業主都換了新房子，還開心地邀請了中介經紀和我們的團隊一起吃晚飯，細說他們與這幢舊樓的舊日往事。

有時候，合併地盤也不一定能夠創造合併價值。這是其中一個例子：收購聯合道 18 至 32 號的時候，我們本來可以同時收購隔壁聯合道 36 至 38 號，可是受隔壁的政府地契條款所限，只可建造一幢六層高的房屋。因此想合併地盤重建，就必須補地價給政府，導致合併後地盤淨價值（補地價後）小於單獨資產價值的總和，沒有合併價值可言。

其實，未能成功合併地盤，以致無法釋放合併價值的案例，隨處可見。從附圖可知，細小地盤（舊樓）一方沒有跟較大地盤一方合併重建，就會出現這樣的狀況。我認為重建該細小舊樓遙遙無期，因為該舊樓的土地價值小於所有分層單位的總現有用途價值，沒有足夠誘因吸引收購者收購和拆卸重建。看來小業主只好繼續花錢為舊樓維修保養，直至「市建打救」。我們也有類似經驗，究其原因不外乎「個別貪心業主累街坊」，他們開出天價，彷彿要把合併價值據為己有，最終使收購者知難而退。

我從事收購舊樓 20 多年，每次我都一定會親自接觸小業主，耐心了解他們所需，盡量滿足，又或者請經紀居間遊說。可是，當實在無法滿足個別貪得無厭的業主，我們唯有奉勸他們「見好就收」，須知「蘇州過後無艇搭」的道理。

● 莊士敦道（灣仔港鐵站口）（攝於 2025 年 1 月）

● 駱克道 323 號（攝於 2025 年 2 月）

● 軒尼詩道（近盧押道）（攝於 2025 年 1 月）

● 軒尼詩道 287 號（攝於 2025 年 2 月）

所謂「謀事在人，成事在天」，縱有人才，熟諳法規，最後成事與否，還看「天意」。想到我們做人處事，自當艱苦奮進，戮力而為，只是「天意難測」，人力有時而盡，縱使鼓勇前行，最終結果還是難料，禍福更是如此。一旦預見事情再無寸進，亦無轉寰機會，經驗告知，這是要理智退場的訊號，瀟灑一回吧。

天時篇

第十一章 特別個案

多年的收舊樓工作，我們遇到不少難以理解的事情或阻滯，需要用心用力去解決，才得以成功收購有關單位或繼續執行建築工程。下面是我記憶猶新的幾宗特別事件。

一、收購銅鑼灣中央樓

2010 年，我們收購銅鑼灣中央樓的時候，除了報章報導外，港台節目《鏗鏘集》也為中央樓特地製作了「人在屋簷下」

一集，該專輯應該還可以在 YouTube 找到。其實早在我們收購中央樓的前幾年，已經有發展商通過測量師行收購該大廈，但當時未能成事，才留待我們當「行運醫生醫病尾」。

在這集「人在屋簷下」中，可以看到頂層的住戶飽受風雨煎熬。一位頂層業主吳先生說：「每逢打風落雨，家裏幾乎每個角落都滲漏，變成水瓜棚一樣，所以我支持收購，希望盡快集體賣樓，收到賣款後，就可以買一間穩固的房子。」當時，有一位資深建築測量師指出大廈有不少橫樑和樓地板因鋼筋生鏽外露，結構出現問題。如果我們這次收購失敗，大廈業主立案法團必須盡快給大廈加固維修，以免大廈變為危樓。消防處也在兩年前發出防火門和通道等維修令；業主立案法團已經無法拖延下去，必須盡快處理。

除了少數業主因為收購金額未符心意而反對收購之外，還有幾個地舖租戶提出反對。有地舖租戶放話「賣了旺舖買不回來」，可是，他們既不是業主，又怎麼能夠說不呢？究其原因是業主已經移居海外多年，不容易找到他們，而且當時這些租戶能夠以低於市價租用地舖，實在不願支付市值租金，搬到附近的旺舖繼續經營。我們真是幸運兒，代表我們的孖士打律師行的梁律師（Derek Leung）成功接觸了多名地舖業

● 2010 年之前，中央樓的地下和地庫是為人所熟悉的總統商場。

主，並說服他們親自從美國飛回香港，將他們和家人持有了幾十年的店舖出售給我們。這次「行運醫生」確實令到一群因樓宇失修而飽受折磨的舊樓業主，不但改善了生活環境，也避免因樓宇失修引發意外。這個「運」似乎真的是「上天」賜予的。

還記得當天在律師樓簽署買賣合約的時候，跟幾位地舖業主交談，一位退休的士司機業主說：「當年胡忠先生興建中央樓時，讓聚集在附近的一群的士司機認購新廈的地舖，我不想每月花光辛苦賺來的錢，所以就每月供款買下一個面向景隆街的舖位。」翻查網上資料，「胡忠先生在 1921 年開始當計程車和貨車司機為生，到 1940 年代初，他已經有 40 多輛的士。在 1960 年代中期，胡忠先生成為香港的士大王，佔有全香港總數 50% 的士」。據說胡忠先生在 1960 年開始投資房地產，而中央樓就在 1964 年落成。

二、收購堅道 44 號

在第四章談到我們收購西半山堅道 44 號的時候，最終成功購入最後一個單位的業主，已經不在人世，沒有親人繼承該單位的業權。其實，在收購初期，有一名街坊告訴我們這名業主去了一家護老院生活，待收購經紀到護老院查證時，才知道這名業主已經過身；又從院方得知業主有一名親屬，並取得其通訊地址。在某個工作天下午 5 時左右，我和同事第一次拜訪該名親屬，結果白跑一趟。幾天後，大約在晚上 7 時再次拜訪，很幸運地找到該親屬，原來業主是親屬的姑母。我們道明來意，希望對方答應接收該單位的傳票（因為唐律師建議大廈業主立案法團向該單位業主提告，要求法院頒令出售該單位，並使用部分出售價款，清還全部欠款）。可是，該親屬表明不但不會申辦繼承該單位的業權，也不願意接收所有與該單位有關的傳票和公函。雖然得不到該親屬的答允，但我們也明確知悉到沒有親屬會申辦繼承該單位。

原先找不到業主，其後幸運地得知業主住進護老院，隨之發現業主已過身，正不知所措之際，原來業主還有個親戚，可是這個親戚無意繼承物業，當中心情的起起落落，實在不足為外人道，只感覺「上天」有意戲弄。最終唐律師在九個月內取得法院的命令出售該單位，剩餘的樓款（出售樓款減掉債款）則按照命令條款存放法院，留待已故業主的繼承人（如有）日後領取。我在房地產行業工作了 30 幾年，不申辦繼承 200 多萬遺產的個案還是首次遇到。俗語說：「一樣米養百樣人」，大家的思想行為各有不同。在這個個案，我理解到每個人的價值觀念不盡相同，在沒有牴觸法律的情況下，應予尊重。

三、申請批准堅道 38 至 44 號項目建築圖則

第一章提到有最佳重建潛力的土地，必須符合所有相關的發展限制，包括政府地契和土地通行權的限制、土地面積與界線及《建築物條例》的限制，以及該地段的城市規劃限制等。另外一個罕見的情況就在堅道 38 至 44 號項目申請批准建築圖則的時候發生。

當時，規劃署的當區城市規劃師建議否決我們申請的建築圖則，原因是根據半山區西部分區計劃大綱圖編號 S/H11/13（Mid-levels West Outline Zoning Plan No. S/H11/13），我們的地盤不是整幅處於「住宅（甲類）」地帶，還有一小段與梁輝臺連接的後巷，而該段土地處於「住宅（丙類）7」地帶。規劃署指出在「住宅（丙類）7」地帶內「任何新發展，或任何現有建築物的加建、改動及 / 或修改，或現有建築物的重建，不得引致整個發展及 / 或重建計劃的最高地積比率超過五倍及最高建築物高度超過 12 層，或超過現有建築物的地積比

率及高度；兩者中以數目較大者為準」。因此，我們提交的建築圖則超出了有關「地積比率」和「建築物高度」的限制。

對於規劃署的否決建議，我們十分不滿。因為該分區計劃大綱圖的比例是1：5,000，怎麼能夠在這張按比例縮細的分區計劃大綱圖中，分辨出窄小的後巷呢？再者，梁輝臺與堅道（及與梁輝臺連接的後巷）之間的地段有約12米高度的差距，在正常情況下是不會把「有車路到達」和「沒有車路到達」而「水平基準」不同的土地，規劃為相同地帶。所以，我們的地盤（包括與梁輝臺連接的後巷）與毗鄰堅道那幅「水平基準」相同的土地，應該規劃為「住宅（甲類）」地帶，跟梁輝臺的「住宅（丙類）7」地帶不同。於是我們聘請了一位行內知名的城市規劃師跟規劃署商討，提出我們的理據和意見，希望港島規劃專員可以覆檢我們的建築圖則。經過我方城市規劃師的努力，我們與規劃署有關官員見了兩次面，並提出有力證據。最終，規劃署同意修改有關的分區計劃大綱圖，顯示當時地形狀況和界線，並於2008年3月20日把我們整個地盤（包括一小地段與梁輝臺連接的後巷）修訂為「住宅（甲類）」地帶。最後，我們提交的建築圖則在沒有規劃署的反對下，順利獲得屋宇署和建築事務監督批准通過。

第十二章 提早退場，鎖定利潤

近日我在 YouTube 看到一齣講述收購舊樓失敗的影片，注意到瀏覽者的留言，主要有「人心不足蛇吞象」、「太貪心」、「好價」和「蘇州過後無艇搭」等。其實，收購合併舊樓的成功率並不是小業主或行外人所想的那麼高；據我們的經驗，成功率大概只有 10% 左右。因此，小業主需要明白收購成功並非必然，買賣雙方必須合理磋商，以免錯失時機，最終只剩「市建打救」一途。

● 九龍城舊樓（攝於 2025 年 1 月）

物業買賣市場瞬息萬變，不論物業是自用還是投資，價格「有起有落」，風險時刻存在。在第八章提到地產發展項目存在固有的投資風險，試想發展商從購買土地到完成建築工程這三至五年的建築發展期，不時都需要面對各種各樣複雜的變數；即使具備豐富的地產發展經驗，退場時的收益也不一定可以符合預期，投資收舊樓的發展項目風險之大可想而知。

物業是非流動（illiquid）資產，不容易找到買家變現，尤其是在熊市調整期的時候。因此，如果舊樓收購者不能以低於市價購買土地，藉此排除日後價格下調的風險，放棄收購實在非常正常。我們身為舊樓收購者，不敢奢望每次收購都能成事，只會把「失敗乃成功之母」和「行運醫生醫病尾」掛在嘴邊、記在心裏。

在捷利行工作時，我聽過一位投資者說：「不再做發展項目了，免得在剃刀上舔血。」身為物業投資經理，我們必須平衡投資風險，每當完成收購整幢舊樓後，都會立刻通過「持有沽貨分析」，計算不同情況下的投資回報，並向內部投資委員會建議是繼續做建築發展部分，還是出售剛剛完成收購的舊樓，提早退場。

第八章也提到若新法例突然出現，增加物業建成後的退場風險，我們就會決定放棄建築發展部分，通過規劃申請改變土地用途，使地價增值，然後出售項目公司獲利退場。

過去十多年間，我們經常為已投資的項目作「持有沽貨分析」計算，預估項目在不同情況和風險下的投資回報，再提請投資委員會決定項目何時退場。以下是幾個例子：

一、營盤街 140 至 146 號

2010 年第三季，中介經紀向我們推薦一個收舊樓項目，收購對象是兩幢四層高的舊樓，地盤面積約為 4,620 平方呎。

中介經紀已經談妥全部業權和收購價錢，如果我們答應收

● 營盤街 140 至 146 號（攝於 2010 年）

購，所有物業買賣交易可以在三個月內完成。我們為物業估價，估算收購總價比土地的市價少近 25%；可是部分單位連租約出售，物業不能同時交吉，還需要等候九個月才能夠拆卸重建。再者，項目重建規模小，日後落成的只是一幢約 24 層高的商住大廈，建築面積少於 42,000 平方呎。還須一提的是，我們擅長的住宅設計屬高檔豪華路線，並不太適合深水埗地區。因此，我們向首席投資官建議，把這個有利可圖的項目收購下來，但不做建築部分，而是用交吉形式轉售物業予中小型發展商。

當然，我們有能力重建該物業，但為這個「大眾市場」項目增值的幅度實在有限，所以這個獲利退場的建議得到投資委員會同意。我們處理物業交吉期間，很快就找到了買家。雖然這次投資獲利不多，但從收購開始到退場所用的時間也不到 12 個月，這種短期獲利的交易，還是很化算的。

二、堅道 48 號

2013 年年初，我們洽購堅道 48 號一幢已有 55 年樓齡的舊樓，地盤面積只有 2,990 平方呎，是乙類地盤，如果重建成一幢純住宅大廈，最高的地積比率是九倍。我們只花了半年

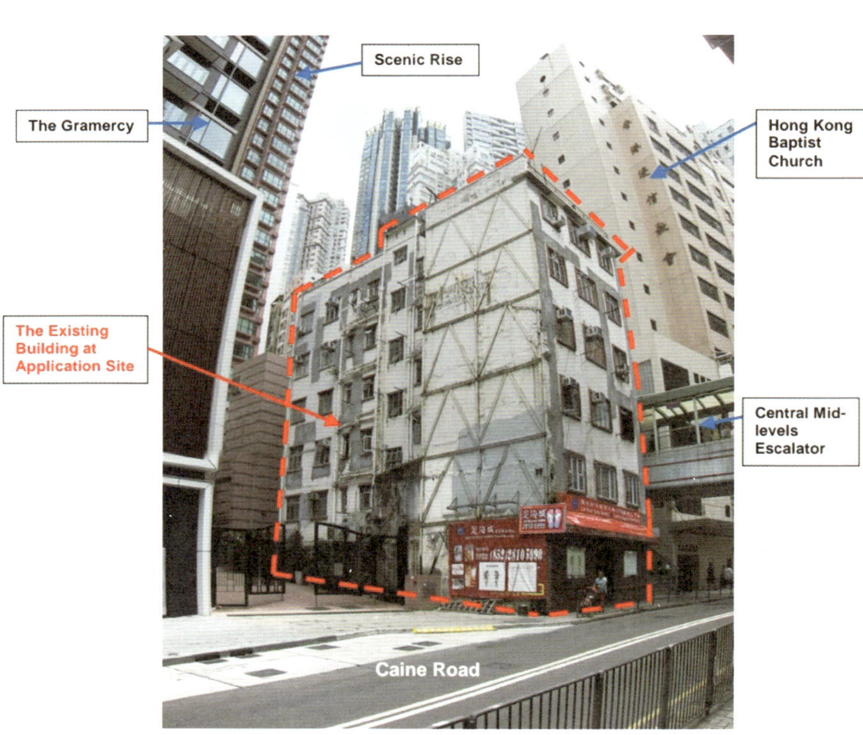

● 左、右｜堅道 48 號隔壁就是中環至半山的自動扶手電梯

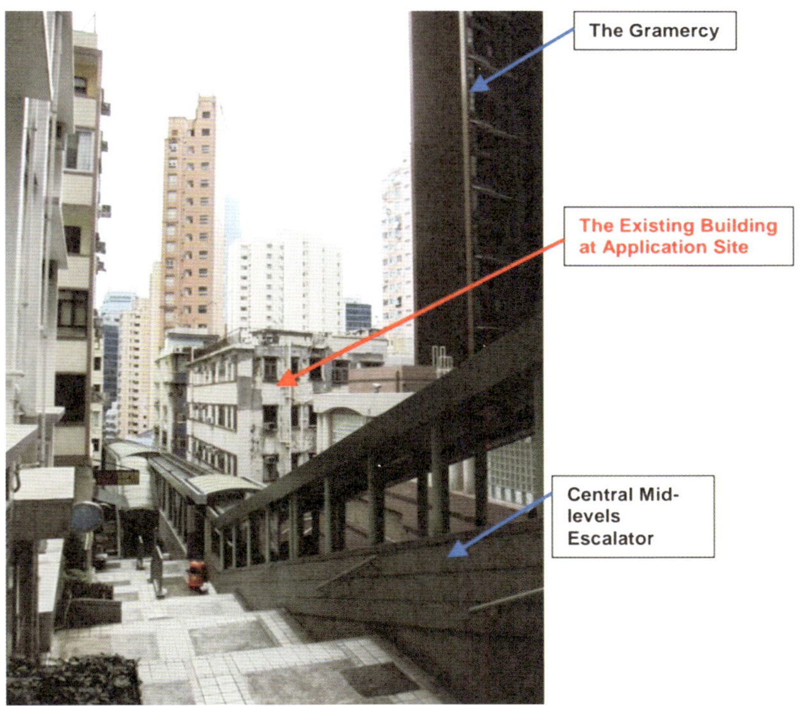
The Gramercy
The Existing Building at Application Site
Central Mid-levels Escalator

時間，用合理的收購價便完成收購，統一全幢舊樓業權。堅道 48 號隔壁就是中環至半山的自動扶手電梯，出入中環一帶只需十分鐘步程，非常適合商務旅客。我們打算以《城市規劃條例》第 16 條，向城規會申請改變土地規劃用途，批准項目公司建造一幢 22 層高、不多於 90 間客房的酒店，地積比率大約是 12 倍，採用服務式住宅模式營運。

可是，城規會以當時政府提倡多增加住宅為由，為避免開下不良先例，否決了我們的申請，免得減少新住宅單位的供應。代之而來的是，我們取得了屋宇署和建築事務監督批准興建一幢 28 層高的商住大廈，地積比率是 10.45 倍，建築面積只有 31,000 多平方呎。有見項目工程量雖少，但必須的建築工程和《一手住宅物業銷售條例》涉及的工序卻沒有減少；加上利用「建築發展部分」為項目增加的邊際利潤，以年率計算並不高，於是我們向首席投資官建議提早退場，獲得接納。

政府從 2010 年 11 月新增額外印花稅起，開始干預住宅市場，如在 2013 年制定《一手住宅物業銷售條例》，但仍然未能遏止住宅售價攀升。正因如此，我們短短幾個月就找到買家，洽購我們的項目公司；投資委員會同意出售後，我們按照指示獲利退場，整個投資回報期只有 18 個月。

● 重建後的堅道 48 號（攝於 2025 年 1 月）

三、駱克道 75 至 79 號

2014 年年中，我們轉移收購灣仔駱克道 75 至 79 號一幢 13 層高而有 50 年樓齡的舊樓，地盤面積 3,120 平方呎，規劃作商業用途，地積比率為 15 倍。該地盤交通十分便利，步行至灣仔港鐵站不到五分鐘，前往港九新界的巴士站分佈在三至八分鐘的步程之內；具此地利，我們打算興建一幢附有餐廳、酒吧等食肆的商業大廈。

當我們收購了 85% 所有業權的時候，隔壁與盧押道交界的舊商業大廈（地盤面積也大約是 3,120 平方呎）剛好售予了一家地產上市公司，售價比我們的收購預算多出 40% 左右。這是一個既相關且具說服力的成交案例，既然我們的收購預算比市價少約 40%，我們也不必再跟餘下的小業主討價還價，在預算內快速地跟他們簽訂臨時買賣協議，鎖定整個收購項目的總價。與此同時，我們看到一個實實在在的提早退場機會——我們估計隔壁的新業主應該會想購買我們剛完成收購的舊樓，因為「千金難買相連地」，只有他們才能夠把「合併價值」釋放出來。我們當時仍未完成那 15% 業權的交易，還要繳付尾款，如果把握到這次提早退場的機會，便可以跟新買家約定，尾款從他們的價金支付。投資委員會也同意提早退場，因為已經有另外一位酒店投資者出價洽購該物業。後續情況一如所料，隔壁的新業主以相若的價錢購買了項目公司，接收了我們收購的舊樓，並同意我們使用購買項目公司的訂金繳付最後 15% 業權的尾款。此外，買方還答應我們可以收回因重建理由而獲政府退回的該物業已支付的額外厘印費。

● 駱克道 75 至 79 號（白色外牆帶粉紅色橫間的大廈），右手面商業大廈的新業主就是我們的買家。

● 重建後的新商業大廈（攝於 2025 年 1 月）

這是一個十分特殊的退場機會，我們沒有想到收購這幢舊樓的時候，隔壁的舊商廈也同時給人買下，並且為我們迎來一位買家。如前所述，隔壁買家答允我們用他們的訂金來繳付最後 15% 業權的尾款。結算後，我們投入這個項目的本金不多，雖然淨利潤不多，投資回報（內部報酬率）卻是十分合理。

****

我們有超過一半的收購項目都沒有繼續做建築發展部分，主要是某些原因導致項目偏離了原來的投資意向。這些原因包括：一、收購項目最後剩餘單位的時間給拖延了，影響原先預設的投資回報；二、修訂法例給項目帶來負面影響；三、有買家出現洽購項目；四、與合資夥伴就該項目達成提早退場的共識；五、市場突如其來的變化（包括建築費和利息上升）給項目帶來負面影響。

無論是前文的說明，還是各個個案的具體情況，都提到或涉及多種多樣的變數、意外，當中有驚有喜，我們盡了人事之後，結果難道真的由上天劃定？在房地產行業工作了 30 多年，今日回望，在測量師行做過物業估價和買賣的工作，也在政府部門處理過地政、估值、地契和大廈公契等公務，最後從物業投資基金公司退下火線。當中的所見所聞，讓我感到房地產市場瞬息萬變，準確拿捏退場的時機實在不易做到。那麼，在這複雜多變的商業氛圍下，怎樣幫助投資項目避險呢？我認為如果能夠以低於市價入市，並在各種各樣的情況和風險下，時常運用「持有沽貨分析」計算當中的投資回報，應該可以獲得一些指引，掌握一些方向。你們又認為應該如何去避險呢？

第十三章　前景思考

一份從網路下載的立法會秘書處 2024 年 1 月 31 日的文件（CB1/BC/1/24），[1] 記錄了「樓齡達 50 年或以上的私人樓宇（不包括香港房委會的樓宇及新界豁免管制屋宇）已達 9,600 幢。按政府推算，這些樓齡 50 年或以上的樓宇，數量會於

1　參 https://www.legco.gov.hk/yr2024/chinese/bc/bc01/papers/bc0120240205cb1-133-1-c.pdf。

2032 年進一步增加至 15,800 幢，並於 2042 年增至 22,900 幢」。由此可知，從 2022 到 2042 年間，50 年或以上的舊樓每年平均增加約 665 幢。再看這份立法會秘書處文件，在 2013 至 2022 年間，重建私人舊樓的數目估計有 1,600 幢，平均每年只有 160 幢。總結下來，舊樓重建的步伐趕不上香港樓宇老化的速度；如果政府推算準確，未來 20 年將平均每年淨增約 500 幢樓齡 50 年或以上的舊樓。

每年舊樓（樓齡 50 年或以上）的數量仍在增長，加上現時的總數量很有可能已超過 10,000 幢。有見及此，政府於 2021 年年底檢討政策，而行政長官亦在 2022 年施政報告裏，建議將申請強拍的門檻，按樓齡由 80% 業權份數降低至 65% 或 70%。隨後，立法會於 2024 年 7 月三讀通過《土地（為重新發展而強制售賣）條例》的修例，降低舊樓強拍門檻，期望加快重建市區舊樓的步伐。同年 10 月 10 日，政府在憲報上刊登《2024 年土地（為重新發展而強制售賣）（修訂）條例》（「《修訂條例》」）的生效日期公告，確定《修訂條例》將於 2024 年 12 月 6 日起實施。《修訂條例》生效後，私人舊樓位於其中一個「指定地區」，[1] 而樓齡介乎 50 至 59 年的，強拍門檻為 70% 業權份數；樓齡 60 年或以上的，強拍門檻則降至 65%。《修訂條例》列出的「指定地區」都是被認為是有較迫切重建需求的地區（例如舊樓密度較高）。

我認為《修訂條例》對港島區和九龍區的舊樓收購步伐有正面作用。根據《星島頭條》於 2024 年 12 月 7 日的報導：[2]「舊樓強拍新例昨日起生效，受惠門檻下降，隨即錄得首宗申請個案，並為今年以來第一宗強拍申請，涉及恒基併購多年的紅磡黃埔街 18 至 20A 號舊樓，現為一幢樓高八層舊樓，於 1957 年落成，樓齡約 67 年，估值逾 1.17 億，恒基已持有約 70.31% 業權。不過，黃埔街 20 號地下金源燒臘茶餐廳東主，持有上述地段逾 20% 業權，包括地舖及住宅，雙方在收購價方面一直存在分歧，令到恒基遲遲未能統一業權發展，市場更稱之為黃埔街『最強釘子戶』。」由此可見，降低強拍門檻對「釘子戶」這些「攔路虎」起了作用，有助加快舊樓重建

1 「指定地區」是指七個分區（包括西營盤及上環、灣仔、油麻地、旺角、長沙灣、馬頭角、荃灣）計劃大綱圖內的全部地區。參 https://www.elegislation.gov.hk/hk/2024/25!zh-Hant-HK。

2 〈恒基紅磡黃埔街舊樓申強拍 受惠門檻下調 終降服燒臘舖「最強釘子戶」〉，《星島頭條》，2024 年 12 月 7 日。

的步伐。可是，這裏還涉及土地發展潛力的問題。在港島區和九龍區，城市規劃在「住宅（甲類）」地帶的發展限制並不會影響收購者收購舊樓的意慾，因為重建後的地積比率比現有舊樓的建築面積有可能多出 70% 至 100%。例如，港島區一個甲類地盤建造純住宅大廈，最高的地積比率是 8 倍；如果建造住宅 / 商業大廈，地積比率約是 9.3 倍。同樣地，在九龍區建純住宅大廈是 7.5 倍，建住宅 / 商業大廈最高為 9 倍。

跟港九兩區比較之下，我認為《修訂條例》對荃灣區的舊樓收購步伐沒有太大幫助，因為荃灣分區計劃大綱圖限制了該區的重建潛力。以下是我的分析：

市區重建局在網頁中提到：「在荃灣地區規劃研究的『核心區域』範圍內，超過八成樓宇樓齡超過 50 年。」政府認為荃灣區的舊樓更迫切需要重建，因而把荃灣列入「指定地區」。可是，單靠《修訂條例》，我認為不會為荃灣區舊樓重建的步伐帶來很大的動力。我在荃灣區住了幾十年，十分了解區內的舊樓分佈，最需要重建的舊樓都集中在「住宅（甲類）13」[1] 地帶內，整個區域都被楊屋道、大涌道、青山道（荃

---

1 參荃灣分區計劃大綱核准圖（編號 S/TW/37），https://www.ozp.tpb.gov.hk/。

灣段）和聯仁街 / 關門口街包圍，發展會受到下述城市規劃的限制：從 2012 年開始，我們為收購荃灣區內舊樓做調研，可惜，結論是區內舊樓的土地價值並不大於（或不是足夠的大於）其所有分層單位的總現有用途價值，所以沒有經濟誘因促使我們在荃灣區收購舊樓，作為日後拆卸重建發展之用。為甚麼有這樣的結論呢？主要原因是受到城市規劃（荃灣分區計劃大綱圖）的限制，造成地價下降。尤其是在「住宅（甲類）」和「住宅（甲類）13」的土地範圍內，有下列的限制：

（i）任何住用或非住用建築物的新發展，不得引致最高住用地積比率超過 5.0 倍，或最高非住用地積比率超過 9.5 倍，視屬何情況而定。至於住用與非住用各佔部分的建築物的新發展，其住用部分的地積比率則不得超過以下數字：最高非住用地積比率 9.5 倍與該建築物的實際擬議非住用地積比率之間的差距，乘以最高住用地積比率 5.0 倍，再除以最高非住用地積比率 9.5 倍所得的商數。

（ii）任何現有建築物的加建、改動及 / 或修改，或現有建築物的重建，不得引致整個發展及 / 或重建計劃超過上文第（i）段所述的有關最高住用及 / 或非住用地積比率，或超過現

● 左上、左下、右上、右下｜荃灣區舊樓隨處可見（攝於 2025 年 1 月）

停

哈爾濱餃子館

有建築物的住用及／或非住用地積比率，兩者中以數目較大者為準。但其適用範圍須受到下列限制：（a）只有在現有建築物加建、改動及／或修改或重建為與現有建築物同類的建築物（即住用、非住用或住用與非住用各佔部分的建築物）時，現有建築物的地積比率方會適用；或（b）在現有建築物加建、改動及／或修改或重建為與現有建築物不同類的建築物（即住用、非住用或住用與非住用各佔部分的建築物）時，則第（i）段所述的最高住用及／或非住用地積比率適用。

可是，大部分在 1960 至 1969 年興建的六層高商住舊樓（G/F 地舖，1/F 至 5/F 住宅）的地積比率大約都是 4.5 倍，而一些在 1970 年左右興建的多層商住大廈（G/F 至 2/F 為商業，3/F 或以上為住宅），其地積比率已接近九倍。

假設舊樓地盤不是太細，如 6,000 平方呎，重建為一幢商住大廈（G/F 為地舖，1/F 或以上為住宅），地積比率約只有 5.4 倍。若建一幢商住大廈（G/F 至 2/F 為商業，3/F 或以上為住宅），地積比率則可達到約 6.3 倍。可見重建一幢六層高商住舊樓，地積比率只增加 20% 左右（4.5 倍至 5.4 倍）。這對發展商來說有吸引力嗎？

● 荃灣分區計劃大綱圖：「住宅（甲類）13」

荃灣區拆卸舊樓而釋放出來的新建樓面面積，對比現有舊樓的樓面面積，只是略有增加，因此舊樓的土地價值並不容易大於其所有分層單位的總現有用途價值；就算舊樓的土地價值大於其總現有用途價值，也不一定有足夠差價吸引 65% 或以上的舊樓業權人願意出售他們的單位。對舊樓收購者而言，荃灣分區計劃大綱圖不但限制了重建潛力，也影響地價，經濟誘因不足。其實，這不是荃灣區獨有的問題；我認為元朗、大埔和上水等市中心舊樓的重建步伐，也是被相同原因給拖慢了。

與此同時，荃灣區和元朗等市中心舊樓一些昔日批出的

● 眾安街與青山道（荃灣段）交界

● 眾安街兩層高舊樓很可能是 GN364 或 GN365

政府地契，有部分是「New Grant Lots」（新批地段），如GN364、GN365，[1] 這些新批地段的地契，限制了最高的可建樓層，導致地積比率不超過兩倍。要重建這類舊樓，使之達到有關分區計劃大綱圖的最高地積比率限制，就得修改其政府地契並補地價給政府。這樣同樣會減低收購者的收購意慾。

怎樣加快舊樓重建步伐？基於前述的理由，我大膽建議當局檢討相關的分區計劃大綱圖的限制，如果當區的基礎設施（包括交通運輸和污水排放等）可以承受因增大地積比率而帶來的負荷，當局應該增加足夠誘因（如調高地積比率，最少與九龍區看齊，最理想是與港島區一致），促使收購者收購該區的舊樓，從而加快重建步伐。

最後，我建議屋宇署可以提前為收購者（在未取得強拍門檻業權前），按照《建築物條例》審批重建建築圖則。這樣做不但可以讓收購者清楚該舊樓的重建潛力，也令他們更容易評估收購價格，加快收購進度；當收購完成後，不需要再花時間申請重建建築圖則，而可以立刻展開重建工程，加快重建步伐。

---

1 參 https://hklandsurveyor.wordpress.com/2013/01/06/general-conditions-and-special-conditions-under-gn-364-of-1934/ 及 https://hklandsurveyor.wordpress.com/2013/01/05/general-conditions-of-sale-under-gn-365-of-1906/。

結語

我想讀者不難理解下面幾個有關香港收購舊樓的客觀狀況，以及我的一點想法：

現時舊樓重建的步伐趕不上樓宇老化的速度。如果政府推算準確，未來 20 年平均每年將淨增約 500 幢樓齡 50 年或以上的舊樓。這反映了市民的居住條件日差。

再者，降低強拍門檻固然有助收購舊樓，從而加快舊樓的重建步伐，但我認為新界區的城市規劃大綱圖對新界區（如荃灣市中心、大埔市中心、上水市中心和元朗市中心等）市區發展構成的限制，實在需要認真檢討。增加舊樓的土地價值，才能夠有效鼓勵收購者開展收舊樓的計劃。

此外，收舊樓不但可以讓舊樓的小業主以高於市價的價格出售其單位，分享舊樓的土地價值，改善他們的生活，同時還可以改善社區環境，保障居家安全。

更重要的是，早期樓宇的設計、建築和設施標準遠低於今天的水平，花錢保養維修也無助於解決舊樓欠缺升降機和自動灑水系統等不合時宜的問題。舊樓的保養維修費用高昂，小業主經濟壓力大，生活質素大受影響。

最後，收舊樓其實也是在幫助政府於市區造地。除了應有的保育考量，拆卸舊樓重建是盡用社會資源，政府應考慮增加各區舊樓土地的地積比率或透過其他獎勵，以茲鼓勵收購者收購舊樓，加快重建步伐，讓整體社會得益。

致謝

我首先要萬分感謝豐泰地產投資有限公司及兩位老闆朱惠德先生和李啟耀先生，過去 19 年在我工作上給予極大的鼓勵和支持，令我能夠為公司建立一支上下一心的投資團隊。我亦感謝朱先生和李先生看過這本書的定稿版，容許我在書中提及部分已經退場的投資項目資料及使用當年工作時拍攝的圖片，更為我提供不少擴闊讀者群的意見。由於拙作基本上已經定稿，未能採用朱先生所有意見，只有在此致歉，並且感謝他的關照。朱先生尤其同意拙作「結語」部分的看法，即是建議政府增加各區舊樓土地的地積比率或透過其他獎勵，以茲鼓勵收購者收購舊樓，加快重建，讓整體社會得益。

其次，我必須感謝三位學富五車的師友——葉玉樹老師、鄒廣榮教授、歐訓權律師，撥冗為拙作撰寫序言，給予嘉言勵勉，以及錯愛推介，使得這本平凡著作平添光彩。

我在荃灣聖芳濟中學（「荃濟」）讀書時，教我中文科的是葉玉樹老師，當年大多同學會考中文成績非優則良，可沒用功的我，只是羞人的僅僅合格。更慚愧的是葉 Sir 當年教的課文，我連背誦到滾瓜爛熟的〈出師表〉，也已忘記乾淨；只有「師父責（義同「壓」）師母，師母責床，床責地，地動山搖；大魚食細魚，細魚食蝦，蝦食沙，沙淨水明」，這副對仗工整的對聯至今難忘。這對聯是他上課時，為解釋對聯一字一詞、詞性相對所舉之例。他在舉例說明後，欲蓋彌彰地說「心懂歪義的，不得教壞同學」時，這出位的對聯已深印我腦海。葉 Sir 是訓導主任，當他向操場大喝一聲「靜！」時，全校同學，不管身處何方，都立刻肅靜下來，鴉雀無聲。樂於回憶的，還有在集體唱校歌後，葉 Sir 定必高聲大呼「Hip！ Hip！」，領導成千同學以聲勢雄壯的「Hooray！」響亮回應，這種一呼千諾日後成為荃濟最富集體歸屬感的傳統。我已故的恩師 Jimmy Ng 與葉 Sir 是莫逆之交，拜恩師所賜，我離校後還能湊緣跟葉 Sir 時有聚會與聯繫。在此銘感大葉老師為拙著寫序的盡心費神。

香港大學房地產及建設系鄒廣榮教授，是昔日我在港大攻讀測量系（Department of Surveying，前身是 Department of Building）時的師兄，也是教導我班「蒙地卡羅模擬」（Monte Carlo Simulation）和「迴歸分析」（Regression Analysis）的教授。當年我懷疑自己是不是走錯班房，為甚麼一直學習數學？幸好，Prof. Chau 講解非常清晰，令我現在還記得如何使用「蒙地卡羅模擬」。另外，我必須在這裏再次多謝 Prof. Chau 為我於 2010 年申請入讀哈佛大學設計研究學院 AMDP 課程時，寫了一封得體而甚有分量的入學推薦信。對鄒廣榮教授一向的關愛，我時刻感銘心間。

歐訓權律師（孖士打律師行合夥人）是「土地建築和城規」等法律領域的資深律師，行內享負盛名。當我們在建築圖則申請、城市規劃申請或演繹地契條款遇到困難的時候，就會找歐律師指點迷津，廓清視野。「Sky Heart」、「AG v Cheng Yick Chi」、「Hinge Well」和「Fully Profit」等案例，歐律師都能如數家珍般詳細講解。另外，歐律師像伯樂相馬一樣，透徹熟悉每個案件的底蘊，對我們的案件，每每能夠在綜合其他資深大律師意見後，提出最適當的建議，令我們工作得更順利、更有效率。歐訓權律師多年來的指導與襄助，我實在是由衷感激！

最後，還得向荃濟同窗好友鄭子欽示謝，他在繁重工作的旅途上，不忘抽空細閱和修改本書初稿的第一至第六章。與此同時，更得向另一位荃濟同學兼好友丁國偉博士鳴謝。丁博士曾任香港中文大學中國語言及文學系高級導師多年，他不辭勞煩地為拙著提供意見，除為本書修改全部章節外，還建議我既然投身收購舊樓物業和投資行業已有 30 多年，不妨道出其間的心路歷程和感受，跟讀者分享。又為求能夠清晰呈現文意脈絡，把書中章節分作「人和」、「地利」和「天時」三大篇目。丁博士對本書匡正有方的指導，使我獲益良多；同時感到，如果沒有他的出手，這本書也許不知道何時才得以面世，謹在這裏，對他的鼎力襄助，再表謝忱！

鄭信明

責任編輯　張軒誦
書籍設計　a_kun
書籍排版　何秋雲

書　　名　**收舊樓：一個「三贏」的投資策略**
著　　者　鄭信明
出　　版　三聯出版（澳門）有限公司
Sociedade Publicações Sam Lun (Macau) , Limitada
Joint Publishing (Macau) Co., Ltd
澳門荷蘭大馬路 32 號 G 地下
No. 32-G,Avenida do Conselheiro Ferreira de Almeida, Macau
香港發行　香港聯合書刊物流有限公司
香港新界荃灣德士古道 220-248 號 16 樓
印　　刷　美雅印刷製本有限公司
香港九龍觀塘榮業街 6 號 4 樓 A 室
版　　次　2025 年 5 月澳門第一版第一次印刷
規　　格　大 32 開（140 mm × 210 mm）192 面
國際書號　ISBN 978-99965-759-9-0（精裝）
ISBN 978-99981-119-0-5（平裝）

Published in Macau, China.

鄭信明

畢業於香港大學建築學院測量系（現稱「房地產及建設系」），工料測量學（榮譽）學士，考獲英國皇家特許測量師（產業測量師）資格，以及美國哈佛大學設計研究學院 AMDP 文憑。早年主要從事物業估價、物業買賣及收舊樓等工作；1998 至 2005 年在香港房屋委員會任產業測量師；2005 至 2024 年任職於豐泰地產投資有限公司，主要負責大中華區的物業投資。